如何提高
学生的心理
素质 上

张桂红◎编著

中国出版集团

现代出版社

图书在版编目(CIP)数据

如何提高学生的心理素质(上)／张桂红编著. —北京：现代
出版社，2014.3

ISBN 978-7-5143-2165-4

Ⅰ．①如… Ⅱ．①张… Ⅲ．①中小学生 – 心理素质 – 素质教育
Ⅳ．①G479

中国版本图书馆 CIP 数据核字(2014)第 038746 号

作　者	张桂红
责任编辑	王敬一
出版发行	现代出版社
通讯地址	北京市安定门外安华里 504 号
邮政编码	100011
电　话	010 – 64267325 64245264(传真)
网　址	www.1980xd.com
电子邮箱	xiandai@ cnpitc. com. cn
印　刷	唐山富达印务有限公司
开　本	710mm ×1000mm　1/16
印　张	16
版　次	2014 年 4 月第 1 版　2023 年 5 月第 3 次印刷
书　号	ISBN 978-7-5143-2165-4
定　价	76.00 元(上下册)

目　录

第一章　中小学生心理素质概述

第一节　中小学生心理发展的特点

小学阶段的学生一般处于 6～12 岁的童年期。中学阶段分为初中阶段和高中阶段，学生一般处于 12 岁到 18 岁的青少年时期。初中阶段又称为少年期或青年初期（也有人称之为青春期），一般从 12 岁开始到 15 岁结束。这 3 年是学生身体发展的加速期。这一阶段人的心理的各个方面虽然也在快速的发展变化中，但相对于，生理发展变化的速度来说则显得较为缓慢。高中阶段，一般从 15 岁开始到 18 岁结束。这 3 年学生的心理发展较快、变化较大，逐渐从稚嫩走向成熟，身体发育的速度相对于初中阶段有所减缓。中学阶段的学生由于身心发展的不平衡，从而面临诸多心理上的问题，是家长、教师最需要关注、引导的阶段。

一、小学生心理发展的基本特点

1. 小学生心理发展的阶段性特征

（1）低年级段（一二年级）：在身体发育上处在平稳发展的时期，脑功能发育在心理发展方向处于"飞跃"发展的阶段。大脑神经活动的兴奋性水平提高，行为上表现为既爱说又爱动；他们的注意力不能持久，一般只有 20 分钟左右；他们的思维还是以形象思维为主体，逻辑思维还没有形成，很难理解抽象的概念。同时这个阶段的学生还有一个显著的心理特点，那就是对教师有特殊的依恋心理，对教师的信任度甚至超过了对家长的信任度，常挂在嘴边的话是："老师说了……"，而且他们已经开始评价自己和别人，但评价自己时，只说优点，评价别人时则容易受身边家长、成人的影响。

（2）中年级段（三四年级）：除大脑外，三四年级学生的各项生理指标只在量上比一二年的学生有所提高，并没有质的飞跃，仍处于平稳发展阶段。但大脑的容量和机能却处于迅速发展的时期，特别是大脑内的抑制功能蓬勃发展，使心理活动更趋稳定。具体表现为：在听课时，比一二年级的学生更容易集中注意力；在表达时，虽然常常出现"有话说不清"的情况，但语言能力有明显提高；在思考认知时，逻辑思维迅速发展；他们在接触到"好与坏"、"正确与错误"、"主要与次要"等概念时，尽管还有些模糊，但已有了初步的认识。

由于三年级学生处于学习分化和情绪波动阶段，四年级学生处于习惯养成和情绪稳定阶段，因此，中年级段又是一个过渡期。处在这一过渡时期的小学生会出现一些特殊的心理特点，其中最明显的心理特点是自我意识萌发，并逐渐增强。主要表现为对外界事物有了自己的认识态度，开始尝试自己做出判断。他们不再无条件地信任老师，反而特别关注老师是否"公平"。另外，由于这一阶段的小学生在心理上处于一个"动荡"的过渡时期，"不听老师的话"的现象会逐步出现。

（3）高年级段（五六年级）：学生身体发育再次进入一个高速发展期，被称为第二发展期。在身体发育方面，身高体重明显增长，肌肉骨骼的力量也在迅速增强，特别是到六年级的时候，呈现了第二性特征。在心理方面，智力有很大的发展，逻辑思维逐步占据优势，创造思维也有了很大的发展；好奇心增强，看见什么就想知道或者是想去碰一碰，有时候经常会出现打破沙锅问到底的情况；开始了盲目崇拜、盲目追星，有些是歌星，有些是自己看了一部电视剧或者电影，就喜欢上了剧中的某个人物，自己的那个小天地——卧室里，贴满了所追之星的肖像画，甚至宁愿把父母给的零花钱都攒起来去买这些东西；独立意识进一步发展，常常认为自己已经长大成人，甚至比成人还高明，开始喜欢自作主张，经常会说类似于"我……怎么样"的话，甚至出现顶撞老师和家长的行为。

2. 小学生常见的心理问题：

（1）学习问题和障碍：学习困难（学习不良、学习障碍）、厌学等

（2）个性问题和障碍：自卑、自负、依赖、逆反心理等

（3）情绪问题和障碍：考试焦虑、抑郁、孤独、暴躁、孤独等

（4）人际关系问题：师生关系、同学关系、亲子关系的不协调问题

（5）道德品质问题：说谎、偷窃、打架等

二、初中生心理发展的基本特点

值得注意的是，初中生心理发展明显受到生理发展的影响，所以初中生的心理会随着生理变化而发展。因此，在了解初中生心理特点之前，我们有必要了解一下初中生的生理变化。

1. 初中生的生理变化

初中生正处在青春发育期，这个阶段是个体发育的第二个高峰期。在这一时期，初中生的身体和生理机能都发生了很大的变化，主要表现在身体外形的变化、内脏机能的成熟以及性的成熟三个方面，这是青春期生理发育的三大巨变。具体表现为：

（1）身高迅速的增长

初中生外形变化最明显的特征就是身高的迅速增长。一个人身高的增长有两个高峰期，第一个高峰发生在一岁左右，那时身高一般至少增加50%。第二个高峰即发生在初中阶段。据统计，在青春期以前，儿童平均每年长高3~5厘米，而在青春发育期，每年至少要长高6~8厘米，甚至可达10~11厘米。

不过，男女初中生的身高变化是有差异的。男生进入身高生长加速期的平均年龄是十三四岁，然后增长速度逐渐下降。女生的这一过程要先于男生近两年，大多数女生从11岁左右开始进入身高生长加速期，14岁左右达到高峰。

（2）体重的快速增长

体重的增长反映了身体内脏的增大、肌肉的发达和骨骼的增长变粗，也反映出营养及健康状况等，所以，体重是身体发育的一个重要指标。

（3）体内机能的完善

主要表现在血压接近成人水平，高压为90~110毫米汞柱，低压为60~75毫米汞柱；肺活量增大；肌肉增强；大脑的发育、成熟。

（4）第二性征的出现

男性表现为喉结突出、嗓音变粗、生长胡须、腋毛、阴毛、阴茎睾丸变粗变大等。女性表现为嗓音变细、乳房隆起、脂肪增多、生长腋毛阴毛等。

（5）性的发育成熟

生殖系统是人体各系统中发育成熟最晚的，它的成熟标志着人体生理发育的完成。

2. 初中生心理发展的特点

初中生的心理发展特点深受生理变化的影响，由于身体外形的变化，初中生的成人感也逐步增强。他们在心理上希望能尽快进入成人世界，希望尽快摆脱童年时的一切，寻找到一种全新的行为准则，扮演一个全新的社会角色，获得一种全新的社会评价，并开始自觉的去体会全新的人生。然而，心理上的这种夙求并不能在现实中得到满足，因为无论是在学校，还是在家庭，初中生的社会角色依然是一个孩子，他的主要任务是学习，所以初中生在这种无形的矛盾中便产生了种种心理上的困惑。

另外，由于性的成熟，初中生对异性产生了兴趣和好奇，萌发了与性相联系的一些新的情绪情感体验，滋生了对性的渴求，但又不能公开表达这种愿望和情绪，所以，他们常常体会到一种强烈的冲击和压抑。正是由于初中生的这些生理变化特点与他们外在生存、生活环境（主要指家庭与学校）造成了初中生的心理呈现出不同于小学生的特点，具体表现为：

（1）反抗性与依赖性并存

由于初中生产生了一种强烈的成人感，所以产生了强烈的独立意识，逐步不愿顺从和听取父母、老师及其他成人的意见。在生活中，从穿衣戴帽到接人待物，常常处于一种与成人相抵触的情绪状态中，即我们常说的逆反心理。

不过，在初中生的内心并没有完全摆脱对父母的依赖，只是依赖的方式有所变化。童年时，对父母的依赖更多的是在生活上，而初中生对父母的依赖则变成了希望从父母那里得到精神上的理解、支持和保护。事实上，在生活中的许多方面，初中生还是非常需要成人的帮助的，尤其是在遭受挫折的时候，他们会对成人表现出明显的依赖感。

（2）成人感和幼稚性并存

由于身体的发育成熟使初中生产生了成人感，但初中生的辩证思维才刚刚萌芽，在思想认识方面仍带有很大的表面性和片面性，情绪体验也缺乏成人的深刻性和稳定性，外加社会经验不足，他们的一些行为表现出明显的幼稚性，这无疑会使初中生在许多问题上陷入冲突和矛盾的状态中。

（3）闭锁性和开放性并存

进入青春期的初中生，会渐渐地将自己的内心封闭起来。心理生活丰富了，但愿意表露出来的东西却少了。他们把日记藏起来，避免被他人，尤其是父母看到的做法，就是初中生把自己内心世界封闭起来的最好例证。

当然，闭锁性只是初中生的行为表象，他们并非不需要关心与爱护。在他们的内心深处，他们也会感到孤独和寂寞，也希望能有人来关心和理解自己。在这种情况下，他们会不断地寻找朋友，一旦找到，就会推心置腹，毫无保留地诉说自己的心事。因此，初中生在向大部分人封闭自己的同时，又向自己接受和喜欢的人表现出明显的开放性。

（4）高傲和自卑并存

由于初中生尚不能确切地认识自己的智力、潜能和性格特征，也就很难对自己做出一个全面的、客观的、恰当的评价，他们只是凭借一时的感觉对自己轻下结论。这样就导致他们对自己的自信程度与能力把握不当。几次甚至一次的成功，就可以使他们认为自己是非常优秀的人才，从而沾沾自喜。几次甚至偶然一次的失利，也会使他们认为自己无能透顶，从而极度自卑。这两种情绪往往交替地出现在初中生身上，极大地影响着他们的健康成长。

（5）勇敢和怯懦并存

在一些情况下，初中生似乎能表现出较强的勇敢精神，但他们的勇敢带有卤莽和冒失的成分，是一种"初生牛犊不怕虎"的勇敢精神。其原因在于，首先，初中生在思想上很少受条条框框的限制和束缚。在主观上，没有过多的顾虑，能够果断地采取行动。其次，由于初中生在认识能力上的局限性，他们经常不能立刻辨析出哪些是危险的情境。

当然，勇敢只是初中生的一面，在另外一些情况下，初中生也常常表现得比较怯懦。例如，他们在公众场合常羞羞答答，未说话先脸红，等等。这些行为是他们怯懦的一面，不过，这与他们缺乏生活经验有很大的关系，是可以改善的。

（6）烦恼突然增多

随着年龄的增长，初中生考虑的问题会逐渐增多，他们会发现自己不会处理的事情很多。比如，初中生常常不知道该以何种形象出现于公众面前，不知道该如何在同伴中保持较高地位，不知道该怎么选择朋友，不知道该怎样疏导挫折、焦虑情绪等。

（7）亲子关系出现问题

初中生正处于第二断奶期，也就是心理断乳期，在心理上逐渐摆脱对父母、成人的依赖。但是父母依然把他们当做儿童或者小学生一样，像从前一样事事干预孩子，这就与孩子追求独立、要求自己的空间的想法相矛盾。亲子关系往往在这种矛盾冲突中产生问题。

三、高中生心理发展的基本特点

进入高中阶段，学生的生理发育逐步完成，此时，高中生的心理发展也进入一个相对稳定、成熟的高度发展阶段。主要表现为：

1. 自我意识的高度发展

相对于初中生而言，高中生已能完全意识到自己是一个独立的个体，因此，要求独立的愿望更加强烈。但是，这种独立性的要求是建立在与成人和睦相处的基础上的，与初中时期的反抗性特点有所区别。多数高中生基本上能与父母或其他人保持相互尊重、和平相处的关系，反抗情绪和行为逐渐减少。

值得注意的是，高中生尤其注重个性成长，十分在意自己的优缺点和别人对自己的评价。当受到肯定和赞赏时，他们会产生强烈的满足感，反之，则易产生强烈的挫折感。

2. 意志的坚强性

高中生已经能够理智地思考自己的人生理想，并有为之不懈努力的决心。因此，在面对困难时能够表现出更加坚强的意志力和持之以恒的精神，会想办法克服困难而不是躲避困难。不少高中生甚至会为了自己的前途而毅然改掉多年的坏习惯，这种意志力是大部分初中生所缺少的。

3. 情感的复杂性

在师生关系的处理方面，高中生对老师的态度以及和老师相处的方式更为复杂，他们往往对老师是既尊重又保持一定的距离，有的学生还常以给老师"出难题"、"找麻烦"的方式，来吸引老师对自己的注意。在友情方面，虽然高中生交友的人数在减少，但亲密度在增加。不少高中时期的好朋友往往能延续到成年，甚至一生。在异性关系方面，高中生男女关系已由刻意"疏远"逐渐发展到了"喜欢接近"，有的发展成了"早恋"。

4. 兴趣爱好的稳定性

在高中以前，学生的兴趣爱好往往有很大的随意性和多样性，更多的时候是受周围人的影响。而到了高中阶段，大部分学生能够按照自己的意愿去选择兴趣爱好，并且兴趣爱好相对专一。因此，高中生的兴趣爱好呈现相对稳定的趋势。

要想更好地把握学生的心理，促进学生健康发展，就必须理解中小学生的心理发展特点，希望以上内容能给家长、老师带来帮助。

第二节　学生心理健康问题的现状

随着现代社会的科技进步，经济高速发展，产业结构不断变化，职业流动频繁，社会生活节奏不断加快，社会竞争加剧，人际关系更加复杂，中小学生尤其是中学生心理压力越来越大，因而在其发展过程中就可能形成各种程度不同的心理问题和心理障碍。再加上学校过于强调升学率，致使家庭、学校只重视对学生的知识传授和智力因素的培养，忽视了学生心理因素的发展。尤其是现在的学生基本上都是独生子女，父母望子成龙、盼女成凤心切，子女的升学、分数成为父母心理平衡的补养品，不能客观实际地给孩子制定目标。这些因素使学生面临着很大的心理压力，对许多问题感到迷茫和困惑，但又不知如何解决。

处于不同年龄段的中小学生，具有不同的心理问题症状。一般而言，处于低龄的学生较多表现为行为问题，如多动症、注意力不集中等，而中学生出现的人格问题较多，如胆怯、敏感等。尽管中小学生心理问题表现形式不同，但归纳起来主要有以下几方面：

一、智力方面

智力是人们在获得知识（学习）以及运用知识解决实际问题时所必须具备的心理条件或特征。智力问题主要体现在学生的学习方面。

学生的智力问题主要表现为多动症、学习技能障碍、智力异常、注意力涣散、厌学、创新能力不足、动手能力差等。其中，多动症是影响学生智力的首要问题，其主要表现是注意力不能集中，总是忙碌不停，静不下来；学习技能障碍属于感知统合失调引起的心理障碍；

智力异常是指有些学生的智力可能发育不良，智商在 70 以下；注意力分散主要表现在学习过程中注意力不能持久集中，这一点在大中小学校中均有不同程度的存在，在小学生身上表现得尤为明显，这些学生对所学内容不感兴趣，不愿学，不好学，学业成绩差，因学习适应困难而产生"恐书症"、"恐校症"，因而出现厌学与逃学现象，不得不转学、退学或肆业。此外，由于受应试教育的影响，家长和老师对学生的期望值过高，要求太严，或任意责备，或嘲笑、歧视，也会引起学生们的紧张心理，最终表现为记忆效果下降、思维迟缓、考试焦虑等症状。

二、情绪方面

情绪是人对客观事物的态度体验及相应的行为反应。有情绪不稳定问题的学生比例仅次于学习有压力感的学生。

理想的心理状态应该是情感上乐观而稳定，既不为琐事耿耿于怀，也不冲动莽撞的状态。情绪出现问题的人就会出现喜怒无常，易冲动，易自我失控，过度焦虑紧张、急躁，爱与人争执，时常幻想等症状。对于学生来说，他们的情绪问题主要表现为焦虑症、情绪不稳定、逆反心理与攻击性行为等。焦虑症是最常见的学生情绪障碍，具体表现为心神不宁、心烦意乱，还常伴有腹痛、恶心和头痛等植物神经性功能紊乱症状；情绪不稳定是中小学生中比较普遍的情绪障碍，主要表现为喜怒无常，学生有时不能自控，心情时好时坏，学习劲头时高时低，对父母、老师一会儿亲近一会儿疏远。进入中学阶段的学生，最显著的情绪障碍则是"逆反"心理增强。老师和家长们会发现，不知从何时起，学生变得不听话了，你要他向东，他却偏要向西。心理学上将这个时期称为"心理断乳期"，将这种现象称为"逆反"现象，是学生在心理上想要摆脱对家长、成人的依赖的时期。

三、意志方面

意志是有意识地支配、调节行为,通过克服困难,以实现预定目标的心理过程。意志品质良好的人,能够对自己的言行举止表现出一定的自觉性、独立性和自制力,既不刚愎自用,也不盲从寡断,在实践中注意培养自己的果断力与毅力,经得起挫折与磨难的考验。

学生的意志问题主要表现为意志薄弱,感情冲动时无法控制自己,有时经不住外界诱惑,特别是经不住一些强烈诱因的引诱,容易上当受骗。意志问题还表现为在日常生活中优柔寡断,胆小怕事,易受暗示和容易动摇。许多学生在生活中不愿意承担责任,难以承受挫折,感情比较脆弱。在生活中遇到挫折就悲观、泄气,在学习中碰到困难就退缩、逃避。有的学生在学校或家庭中与人发生冲突后,动辄离家出走,甚至寻短见。

对他人或某种事物依赖性过强甚至依赖成瘾也是意志方面的问题。由于现在的家庭对孩子从小包办一切,使得现在很多孩子事事依赖老师、家长"权威"。还有的学生对电子游戏、网络等严重依赖,其生活的大部分乐趣来自网络游戏中的虚幻世界,并且深陷其中,不能自拔。

四、人格方面

人格是构成一个人思想、情感及行为的特有模式,它包括气质、性格、认知风格和自我调控系统等内容。

学生的人格问题主要表现为自控力差、怯懦、以自我为中心、自卑、自闭、不合群、不善于合作等。以自我为中心是一个比较突出的问题,这样的学生的自尊心、好奇心特别强,往往过高地估计自己,以自我为中心,片面看问题,常常把错误归于别人。一旦遇到比自己优秀的人，就容易产生嫉妒心理。在生活中，他们很少想到别人，也不愿与人分享任何东西，缺乏同情心，缺乏宽容精神，不愿帮助别人。有的学生非常任性，喜欢独来独往，有较强的自闭、不合群倾向。不合群的学生大体上可以分为两大类：一类表现为沉默寡言，孤僻，害怕陌生人。另一类则表现为爱哭闹，爱捣乱，爱逞能，爱惹是生非。有的学生自控力比较差，平时在与同学相处时，常常为一点小事而闹意气、泄私愤。有的学生不善于与他人合作。"踏着铃声进出课堂，宿舍里面不声不响，因特网上诉说衷肠。"这句顺口溜实际上反映了相当一部分学生的交际现状。这样的学生总感觉别人对自己不友好，别人不理解、不同情自己，当别人看他或议论他时总感觉不痛快。因此，他们很难与人合作，因而也很难适应社会。

中小学生的心理问题还有很多表现形式，这里只举出较普遍、较常见的表现形式，无论是小学生还是中学生，他们的心理问题都包括在这几个方面里。通过对学生心理问题的归纳，家长、教师可以更明确、更清晰的把握学生的心理问题，对学生进行更有效的心理素质教育，促进学生心理健康发展。

第三节　影响学生心理问题的因素

教育事例一：

初中生王小虎从小体弱多病，患过贫血症，后天又患甲状腺功能不足等病，也许这影响了他的记忆力。过去他的记忆力就一直不好，但尚能正常学习生活。现在他的记忆力差极了，整天魂不守舍，丢三落四，严重影响了他正常的学习生活。此外，他的妈妈和妹妹两年前相继得了抑郁症，虽现在情况正常，但仍在吃药。他每天提心吊胆，心理负担严重，脑袋总在不停想事，噩梦不断，甚至出现幻觉。最近他从报纸上看到经常吃海鱼会增加记忆力，使人聪明，可他们一家人都不喜欢吃鱼，两三个月才吃一次，不知记忆力差与这是否有关？

教育事例二：

张涵的妈妈是一家医院的护士，最近她发现自己16岁的女儿近一年来特别喜欢照镜子。清晨梳理打扮不说，就是在白天也经常会对着镜子看。先是正面看，后是侧身看，一照就是半个小时甚至一小时，多次说她也不听。近三个月来，她又常听到女儿对着镜子不停叹息，总说自己的右眼比左眼小，脖子也有些歪了，成天为此苦恼，常常发脾气，性格也越来越孤僻，学习成绩明显下降。张妈妈对女儿的举止非常担心，曾请教个别医生，可他们也未提出有效的矫正办法，她真不知道女儿究竟得了什么病。

教育事例三：

一天，初中生江羽在上化学课时，老师突然说："要集中精神。"目光射向他这边，可是江羽认为当时自己根本就没开小差，所以认定老师讲的一定是别人。一会儿，老师又冒出一句："要集中精神。"严厉的目光又朝他这边射来。这次江羽肯定老师是在说自己了，他觉得自己什么小动作也没做，真冤枉。此后，无论上什么课，他都集中不了精神，总觉得老师的目光异样。从此他害怕上课，而且在回答问题时，就算懂，一碰上老师的眼光，他就会结结巴巴，上句不接下句，后来又发展到不管跟谁说话，都不敢看别人的目光，否则，肯定会结巴。这个问题困扰得他好痛苦，他如何才能走出困境呢？

教育事例四：

刘红在上小学时，成绩特别好，但升入初中后，因为不适应新的学习方式，她的学习成绩直线下落。对她抱有极高期望的妈妈看在眼里，急在心头。她不知道女儿发生了什么事，也不想知道，她只要刘红把成绩补上去。指责、加压、激将各种"折磨人"的方法刘红都尝遍了，可就是不见起色。自尊心很强的刘红又羞又恨，感到在同学面前抬不起头来，更无法面对母亲，渐渐出现了上学恐惧症：一看到校门就双腿发软，恶心头晕，对学习产生了极大的厌恶感。

"我知道自己不对，但我真的无法克服这种恐惧！太痛苦了！"她在日记里这样写道。有一天，刘红吞下了50多粒安眠药，被送往医院急救。发生了这件事后，她的母亲没有和女儿沟通，只是把家中的安眠药藏了起来，但她没想到，被抢救过来的女儿又将刀片伸向自己的手腕……

中小学生的教育和成长关系到国家和民族未来发展。对于他们成长过程中产生的心理问题，作为老师，必须对这些情况予以重视、深入分析研究并努力加以疏导，保证中小学生身心的健康成长。

在教育教学活动中，教师常常发现中小学生不同程度地存在着心理问题。有人曾做过调查，约13%的青少年存在明显的心理和行为问题，其中部分人的情绪问题、人际关系紧张问题十分突出。与此同时，16%的青少年不同程度地表现出焦虑、强迫、抑郁等症状。目前全国有3000万青少年处于心理亚健康状态，其中中小学生心理和行为障碍患病率为21.6%～32%，大学生心理和行为障碍率占16%～21.4%，并且近年来有上升趋势。

中小学生患有的心理障碍，突出表现在人际关系、情绪稳定性和学习适应问题上，抑郁障碍、品行障碍、焦虑障碍、强迫障碍等就是其中最常见的心理问题和精神障碍。

学生心理健康问题的产生，其原因极为复杂，既受家庭、社会环境和学校教育条件制约，也受学生自身素质，如身体成熟水平、认识能力和行为发展水平影响，因此学生心理健康问题是环境和教育等外界因素和其内在因素相互作用的结果。例如，有相当多的学生虽然学习成绩较好、遵守校规校纪，但心理抗压能力较差，承受能力较差，稍有失败就垂头丧气，甚至萎靡不振；一些高年级学生由于青春期的到来，出现烦躁不安，情绪个性不稳定的心理状态；还有一部分学生由于表现欲的膨胀，爱出风头，在集体中称"老大"，在叛逆心理驱使和不良价值观的影响下，带头违反学校制度、破坏公共财产，甚至打架、斗殴、勒索他人等。

只有了解了中小学生心理问题的产生原因，才能在教育教学中有意识地去预防和解决心理问题，促进学生心理健康发展。造成学生心理问题的原因是多方面的，归纳起来，主要有以下几个方面：

一、社会因素

社会因素主要包括政治、经济、文化教育、社会关系等内容，社会因素对中小学生的影响具有广泛性、复杂性和持久性的特点。

近年来社会上一些负面思想对学生冲击很大，社会生活中的种种不健康的思想、情感和行为，严重地毒害着中小学生的心灵。随着改革开放的深入，西方社会的思想垃圾、丑恶现象也乘虚而入，拜金主义、享乐主义等思想在社会上不断蔓延，渲染色情、暴力的书刊、音像制品充斥着文化市场，封建迷信等社会丑恶现象屡禁不止等，严重侵害了青少年的身心健康。另外，遍布城乡的游戏厅、台球厅、网吧等更是诱发青少年产生心理问题的"温床"。

特别要注意的是，现代社会中人与人之间的交往日益广泛，各种社会传媒的作用越来越大，生活紧张事件增多，矛盾、冲突、竞争加剧。这些现象会加重中小学生的心理负担和内心矛盾，影响其身心健康。

社会环境对学生的影响如此大，优化社会环境，加强对青少年交友行为、社会行为的正确引导，势在必行。

二、家庭因素

家庭是孩子的第一课堂，家长是孩子的第一任老师，家教与家风对孩子的心理及行为有着潜移默化的影响。

良好的家庭环境是维护中小学生健全心理的基础。通常情况下，家庭内部成员关系和睦融洽，孩子的性格就会开朗乐观，适应环境的能力会更强。而不良家庭环境因素容易造成家庭成员的心理行为异常，这些因素主要有：家庭主要成员变动，如父母死亡、父母离异或分居、父母再婚等；家庭关系紧张，如父母关系、婆媳关系、姑嫂关系、兄弟姐妹关系不和谐，家庭情感气氛冷漠，矛盾冲突频繁等；家庭变迁，出现意外事件等。事实证明，孩子的成长环境先天不良，缺乏父爱或母爱是导致中小学生产生心理问题的第一诱因。

同时，家庭的教育方法不当也会严重影响孩子的身心健康成长："溺爱型"的家庭教育往往使孩子养成好逸恶劳、贪图享受、自私自利、专横霸道的恶习；"高压型"的家庭教育极易造成孩子的人格自卑和逆反心理；"放任型"的家庭教育极易造成孩子的性格孤僻、冷漠。此外，父母的不良行为也对孩子有很大的影响，有的家长不能以身作则，本身品德低劣，作风不正，那么，他对孩子的影响是可想而知的。

苏联心理学家 B·尤斯季茨基认为，导致青少年误入歧途的主要原因既不是居住环境，也不是同伴，而是家庭。正是由于家庭教育的严重错误，或者就是由于家庭直接的不良影响，青少年才变得意志薄弱，也因而很容易接受各种不良因素的影响。

三、学校教育因素

学校是中小学生学习、生活的主要场所，中小学生的大部分时间是在学校度过的，因此，学校生活对中小学生的身心健康影响也很大。学校因素主要指学校教育条件、学习条件、生活条件，以及师生关系、同伴关系等。这些条件和关系如果处理不当，就会影响中小学生的身心健康发展。例如，某些地方应试教育还十分严重，由于片面追求升学率，导致高强度的学习要求、高频率的考试，双休日加班加点补课，强烈地刺激着中小学生稚嫩的心灵。在片面追求升学率的指导思想影响下，学校中小学生分好差班，考试排名次，搞题海战术，采取了一些违反中小学生心理健康原则的教育方法、教学手段和教育措施。在这样的情况下，一方面，中小学生的心理整天处于一种智力超负荷的高度紧张状态之中，致使中小学生神经衰弱、失眠、记忆力减退、注意力涣散等，另一方面，中小学生对分数的错误看法，给他们的心理造成了极大的痛苦。

由于校风、学风不振，学习负担过重，教育方法不当，师生情感对立，同学关系不和谐等，还会使中小学生心理压抑、精神紧张、焦虑，如不及时调适，就会造成心理失调，导致心理障碍。同时，在学校教育中，教育工作观点上的偏离或教育方法上的错误，也是导致青少年学生产生心理问题与不当行为的重要原因，有时甚至是直接原因。

四、学生自身的因素

自身因素是个体自身所具有的一种内在的、主观的因素。中学阶段是个体发育的鼎盛时期及性成熟时期。生理上的成熟使中小学生在心理上产生成人感，他们希望能获得成人的某些权利，找到新的行为标准并渴望变换社会角色。然而，由于他们的心理水平有限，有许多期望不能够实现，他们会因此而产生挫折感。正是这种身心发展的不平衡，使得中小学生面临种种心理危机，并出现一些行为问题。

找到了学生心理问题的主要因素，只是解决学生心理问题的前提，对于家长、教师、学校而言，还要"对症下药"，促进学生心理健康发展。

第四节　学生心理问题的对症教育

"学校是促进学生心理健康最适宜的场所，学校可以教给学生一些解决问题的技巧，并通过特殊问题的干预和心理咨询，转变学生的行为。"因此，学校应该对学生心理健康予以高度重视，并采取切实有效的途径和方法全面维护、提高学生的心理素质，而且心理健康教育对学校教育起到促进的作用。

首先，心理健康教育有利于丰富学校教育的内容；其次，心理健康教育有利于提高学校思想政治工作的实效；最后，心理健康教育有利于培养学生自理、自立的精神，利于预防和排除学生的心理障碍和心理疾病，对学生德、智、体、美、劳等方面的发展具有重要的影响。因而，学校应把心理健康教育当作一项重要的教育任务来抓。心理健康教育应系列化、制度化，有条不紊，持之以恒。

针对当前中小学生的心理健康状况，很多学校都已经采取了一些有效的教育和引导策略，如建立专门的心理咨询室，开设心理健康教育辅导课，设立心理信箱和心理辅导热线等等。这些工作都已经取得了很大的成效，对学生心理健康的发展起到了有效的促进作用，但加强学生心理健康教育应该是一个系统的、全面的工作，学校还应在以下方面加以注意，使学校心理健康教育工作产生更大的实效。

一、从外部入手

1. 加强教师心理健康教育培训，普及心理健康教育的理论知识及

操作技巧

教师本身的素质水平直接影响着学生的素质水平。处于实施素质教育第一线的中小学教育工作者，必须重视自身心理学理论水平和自身心理素质的提高，即"教育者必须先受教育"，只有努力学习和掌握现代心理学和教育科学的基本理论，才能把心理教育渗透到学科当中，从而成为合格的心理教育工作者，真正成为塑造灵魂的"工程师"。

教师自身的心理健康问题不仅影响教师个人的发展，而且影响学生的心理健康。事实上，学生不良情绪的80%来自身边的长者，当然也包括教师。而目前教师的心理健康问题也同样令人担忧。因此，应把"师源性"的心理行为问题减到最低程度，避免学生受到消极影响，从而优化学生成长的环境。

2. 重视家庭环境的作用

学生的心理健康问题与家庭的教养方式和家庭的人际关系有直接或间接的关系，有些甚至是家庭问题的表现和延续。因此，无论是了解学生心理与行为偏异的原因，还是咨询、矫治计划的制订和实施，都需取得家长的积极支持和配合，因此学校心理健康方面的教育要兼顾对学生家长及其他方面的宣传。因此，学校应建立与家庭心理教育的沟通渠道，优化家庭心理教育环境，引导和帮助学生家长树立正确的教育观，以良好的行为、正确的方式去影响和教育子女，使家庭、学校能共同维护和促进学生心理健康发展。

3. 通过各学科教学渗透心理健康教育

如果仅仅将心理健康教育看作是一门独立的学科，如同语文、数学一样开设专门的课程，也就是将心理健康教育学科化，就很有可能出现这样的情况：一方面在心理教育课上老师教给学生如何健康发展，另一方面在其他学科教育中，由于课任老师缺乏有关学生心理健康的知识，而继续对学生的心理健康造成不良影响。这样的结果不仅是学生健康发展的环境没有改变，而且使得心理健康教育的目的更加难以实现。因此，学校应注重心理健康教育的全面渗透性，将心理健康教育的意识渗透到各个学科之中，渗透到各个教师的教育观念之中，让广大教师、每个学科都成为学校心理健康教育的实施者和矫正者。

4. 广泛开展多种艺术活动，陶冶情操，提高学生的心理素质

活动是心理的本源，是心理发生发展的最重要因素。人的各种高级心理机能都是活动与交往形式不断内化的结果。心理学家列昂节夫曾提出"活动心理学"思想。他认为人的心理发展是在他完成某种活动的过程中实现的。换言之，人是在活动中通过掌握社会历史文化经验而促进心理发展的。

活动对人的发展的重要作用主要表现在：活动有利于促进人的心理在个人既有的遗传素质与社会环境的相互作用中获得发展，有利于培养和发挥个体的自主性、能动性和创造性等主体性特征，同时活动也有利于个体潜能的发挥。心理是人们对客观事实的反映，要塑造学生美好的心灵，离不开音乐、舞蹈、美术等艺术活动。这些活动有利于培养学生健康的心理品质。如古希腊伟大的教育家柏拉图就提出："音乐教育的重要任务之一就是陶冶人的心灵。"他指出："一个儿童从小受到好的音乐教育，节奏与和谐就进入了他的心灵深处，并在那里牢牢地生根。"

活动对人的发展是如此重要，但遗憾的是在以应试教育为主体的今天，活动问题一直未能得到教育界的重视，许多学校开设的课外活动课都仅仅是一种形式，往往被当作自习课或其他课程来安排，这种做法严重影响了中学生心理的健康发展。今天，当心理健康越来越引起社会重视的同时，也希望各级学校能同样重视课外活动的开展，并通过开展课外活动对学生进行心理健康教育，通过多途径举行多种类

的课外活动，促进学生的健康发展。

5. 重视风化、美化、优化校园环境，充分发挥"隐性教育"的作用

学生良好心理的形成与学校的良好环境有着很大的关系。苏联教育家苏霍姆林斯基曾指出："人之所以脱离动物并成为有才能的人，很重要的表现是对大自然、周围世界所存在的美的感受和欣赏，以及随之而不断发展的对美的创造。"他提倡让孩子们通过动手保护并创造美的环境和通过对教室的布置来接受美的陶冶。我国的许多教育家，如孔子、孟子等，也都十分重视环境对人的影响，包括对人的心理影响，比如著名的"孟母三迁"的故事就是其中的代表。

目前，学校环境的改善问题越来越受到教育界的重视，但现在大多数学校所作的改善，更多的是学校物理环境的改善，如时空环境、设施环境、自然环境。而学校的心理环境，如人际环境、组织环境、情感环境、舆论环境等依然是令人担忧的。校园人格、校园暴力、心理虐待、师生代沟等问题，仍时时困扰着学校的正常教学活动与日常生活。

尽管与物理环境相比，心理环境是看不见、摸不着的无形环境，但它对学生的心理活动，乃至对整个学校的教育、教学活动，都有着不可忽视的、巨大的潜在影响力。一些研究者指出，在教学实践中，心理环境对学生学习有很大的影响力，它们和老师、同学之间形成的关系不仅影响学生的学业表现，更重要的是影响了他们完整个体的成长。因此，学校应以心理环境建设为突破口，注重良好师生关系的形成和勤奋好学、积极进取的校风、班风的建设，注重挖掘和利用一切有利于学生心理健康发展的积极心理环境因素，激发师生高度的学习、工作热情，从而有效地促进学校的各项教育教学工作，进而也促进学校心理健康教育取得最佳效果。

二、从学生入手

任何一种教育活动都具有其自身的特点，心理健康教育最大的特点就是，它是一种建立在心理学基础上的教育活动。对于学生而言，每个学生的心理问题虽然有共性，但具体到细节中则是不同的，因此，要开展好心理健康教育，教师就必须深入到学生中去，可以借鉴以下方法：

1. 要掌握基本的心理学原理和了解中小学生的心理特点

中小学生的心理特点是教师开展工作的立足点，心理学原理则是指导教师开展工作的方法论。

一般来讲，小学阶段的学生，认知结构不健全，他们的心理问题需要老师的引导与管理。比如，对于比较自卑的小学生，可以增强正向刺激，让他体验成功带来的喜悦。对于他们的点滴进步和微小的成绩都要及时地、热情地给予表扬，使他们产生一种愉悦感。心理学家威廉詹姆斯说："人性最深刻的原则就是恳求别人对自己关怀。"美国总统林肯曾说："每一个人都喜欢别人的赞美。"因此，老师、家长要对学生细心观察，多次、反复的表扬他们，这会使他们巩固优点，克服缺点，产生自豪感，增强自信心，从而能够做得更好，超越自卑！要注意的是，对于小学生的缺点与不足，家长和老师要进行耐心的鼓励、支持和帮助，不要一味地批评、指责，要使这些学生能及时看到因自己的努力而取得的进步，使他们拥有获得成功的满足感，从而增强前进的动力，可以故意地多给他们创造一些成功的机会，增强他们的成就感和自信心。

中学阶段的学生，一般处于青少年期。青少年期是指十一二岁到十七八岁这一时期，是个体从童年向成人发展的过渡期，是人生中的"疾风怒涛"时期，也是智力发展的快速期。这一时期具有矛盾性、动荡性的特点。亚里士多德认为这时期的学生"暴躁，易发脾气，易于为冲动所驱而失去控制"。

在青少年时期，青少年的生理、心理、智力都有很大的变化，自我逐渐形成，认知结构趋于健全。但个体身心还很不稳定，容易表现两极性：情绪行为两极波动——"中学生处于情绪与情感的'疾风怒涛'时期，情绪与情感的两极性明显"；闭锁性与开放性——对成人闭锁，对同伴开放；反叛性——反叛传统，喜欢标新立异。青少年期是最容易出现心理行为和行为异常的时期。对于教师来说，把握中学生也即青少年的基本心理特点，对开展团体的心理健康教育有着举足轻重的作用。此外，教师还要把个别与一般相结合，对个别学生要具体问题具体分析，在心理学的基本原理指导下，分别开展好团体和个别的心理健康教育。

中学阶段的教师不仅要引导学生向健康的心理方向发展，还要给学生提供具体、可操作的方法建议来帮助学生发展健康的心理。比如，对于有社交障碍的学生，教师首先要了解社交障碍的表现：一类是傲慢自大，过度表现自己，另一类是尽量避免与他人交往，以减少受到伤害的机会。之后，教师应帮助他们掌握如何与父母、老师、同学和其他人交往的方法、技巧，在不同的阶段提出与之相应的目标，让学生通过不断的自我命令、自我激励、自我努力循序渐进地实现阶段目标。支持、鼓励这些学生积极、主动地与同伴交往，参加集体活动，在交往中找回自尊、提升自信。教师也可以提供交往目标，特意增加学生的交往机会等等。

又如，对于中学生的自卑，教师要采取不同于小学的指导方式。首先，老师要指导学生如何正确客观地评价自己，不要只看到自己的不足，更要看到自己的长处，根据具体情况，及时调整对自己的期望，使之符合自己的实际情况，发扬优点，弥补不足，不断地提高自己改善自己。之后，可以交给学生一些摆脱自卑、克服自卑心理的法则。

例如：

1. 理直气壮地迎着别人走上去，好像他欠了你的钱似的。

2. 训练自己盯住对方的鼻梁，让人感到你在正视他的眼睛。

3. 开口说话声音洪亮，结束时也会强有力；相反，开口软弱，那么闭嘴也就软弱，所以训练自己大声说话。

4. 有时，为了在喧哗中让人听见，就要大声讲话，所以，可以在喧哗的环境中与人交谈。

5. 想方设法接触伟人。和比自己年纪大、比自己能力强的人交往，你会学到知识，同时可以观察强者的弱点和缺点，从而增强信心。

6. 不断给自己出难题，不断实践克服自卑的方法。

7. 会见一位陌生人前，先列一个话题纲要，这样你就不会手足无措。

教师如果能了解学生的心理特点，因人而异采用不同的引导方式，就能更好地促进学生的心理健康发展。

2. 尊重学生个人尊严，以平等、民主的态度对待学生

师生之间的交流应该是平等、双向的。许多有心理问题的学生往往不能接受自己，感觉不到自己的价值。这样的学生往往只有先被别人接受，才能自己接受自己；只有先被别人尊重，才能自己尊重自己。这时，如果老师不能尊重学生，学生就感觉不到自尊，心理健康教育也就产生不了实效。所以，教师要平等地对待有心理问题的学生，关心他们、尊重他们。

在对学生心理问题判别上，教师要坚持把科学的心理健康标准和客观、科学的心理异常判别手段结合起来的原则。并且在这一原则下，正确掌握中小学生的正常心理特点及发展变化规律，正确看待学生的各种行为表现。例如，好动、注意力容易分散、自控能力低虽然是小

学生尤其是低年级学生的特点，但不能简单地认为好动就是问题，认为好动就是多动甚至多动症。一定要深入全面地了解学生，这是发现、判别及解决学生心理问题的前提。而且，必须慎重区分和对待学生的心理问题，切忌乱贴标签，乱发议论。有的老师轻率地指责学生是"弱智"、"变态"，这是极不负责任的，会严重地伤害学生的自尊，损害学生的心理健康。对待学生的心理问题，教师千万不要匆匆忙忙下结论，最好能请心理专家进行诊断。

另外，还要防止在判别时出现以下几种偏差：把一般心理障碍视为严重心理障碍；把主要是心理障碍引起的问题，视为主要是或全部是生理因素引起的问题；把主要是教育不当造成的心理障碍，视为主要是学生自身因素或其他社会因素造成的心理障碍；把个性品质不良导致的心理障碍，视为智力因素导致的心理障碍；把心理障碍视为道德品质恶劣等。教师只有对学生出现的问题做出科学的判别，才能做到对症下药。

3. 开展教育性的心理咨询

心理咨询是解决学生心理问题的重要途径，咨询心理学应始终遵循教育的而不是临床的、治疗的或医学的模式。其中，咨询对象是被认定为在应对日常生活中的压力和任务方面需要帮助的正常人。咨询心理学家的任务就是教会他们模仿某些策略和新行为，从而能够最大限度地发挥自己存在的能力，或形成更灵活的应变能力。

要注意的是，心理咨询者是正常的人而不是病人，不能把咨询者必然地与病人联系到一起，视之为有心理疾病的病人。同时，进行心理咨询时，要在心理咨询过程中淡化心理学概念，恰到好处地应用心理学原理，抛弃某种概念的典型"范式"。教师要注意不能把心理咨询与学校日常所说的"思想工作"混为一谈，要利用心理学原理和恰当的心理咨询模式帮助咨询者走出困境。

4. 建立科学的学生心理档案

学生心理档案有一个特点，即系统性和连贯性。学校开展心理健康教育不是一时的需要，而是一个长期系统的工作。学生心理档案的建立有利于学校对学生实行连贯性的跟踪教育。将学生每一阶段的心理状况作为档案保存下来，方便学校进行比较和分析，从而制定科学的教育计划，实现心理健康教育的目标。科学的学生心理档案不仅可以为心理学和教育学的研究提供丰富的第一手材料，而且可以作为评价学生身心发展和学校教育效果的可靠指标。所以，开展心理健康教育要尽可能建立、健全学生心理档案，以有利于系统、连贯性的心理健康教育的进行。

总之，开展心理健康教育的必要性是不言而喻的，同时，这也是一项很讲究科学与方法的工作。学校与教师要坚持科学的态度并遵循心理发展规律，在正确的教育思想指导下，结合心理学基本原理，运用科学的方法，深入全面地了解学生的实际问题，这样才能为较好地实现心理健康教育目标提供现实的基础。

中小学生是祖国未来的接班人，只有他们的健康成长才有祖国的繁荣进步。因此，中小学生的心理健康教育必须得到所有人的重视。只有正视当今中小学学生存在一定的心理问题这一事实，充分认识到心理健康教育的重要性，大力开展心理健康教育，提高学生的心理素质，才能让他们能更勇敢、更乐观、更自信的迎接自己的人生和未来。

第二章　做学生的心理导航师

第一节　做学生心理健康的维护者

一、猜疑心理的辅导

1. 猜疑心理简述

教育事例一：

学生陈楠升至初二时，成绩莫名其妙地下滑到第七名，班长的职位没了，老师不重视他了，还时常拿那些尖子生的"光辉事迹"来讽刺他。他觉得同学们看他的眼神都是鄙夷的。心里十分苦恼，有点自暴自弃，原本开朗的性格变成小心谨慎和不断猜疑，老师和同学对他更加没有了好的看法，他曾一度想："完了，我的人生算是完了。"

教育事例二：

上课时，老师将上次测验的试卷发了下来，下课的时候，学生小超又捶胸又顿足，把课本抓起来扔在地上，然后又撕烂了自己的作业本，他的同桌小慧只不过多看了他几眼，谁知小超竟说小慧笑话他，看不起他……其实小慧真的没有那个意思。

教育事例三：

初二的女学生钱莉莉性格中有个不好的毛病：多疑。她会怀疑她的同学、父母和老师，甚至对自己的身体健康状况也怀疑，别人都不在乎的事情，她心里总要犯嘀咕，拿得起放不下。所以，她总是担心这、担心那，心里很少有快乐的时候。她上的是寄宿学校，由于她胆小，而且不会和别人交往，所以没有真正的朋友，有的同学还欺负她，这更使她对一切都抱有怀疑的态度。虽然现在她的学习挺好的，但她还是很难和别人建立相互信任的关系，她感到非常痛苦。

教育事例四：

崔岚是一名初三女学生，性格比较内向，不善言辞，以前在班上成绩总是前几名，最近学习成绩有些下降，因为别的同学都嫉妒她，说她特别刻苦，是死读书才获得的好成绩，其实并没有潜力，等等。她的心理压力渐渐增大，不管做什么都要考虑同学会怎么说她。最近老这样胡思乱想，使得她上课注意力不能集中。

这四个教育事例中的主人公都有一个同样的毛病，就是猜疑心很重。教育事例一的学生仅仅因为一次考试成绩考砸了，就对他人看自己的眼光产生了看法，就怀疑老师和同学都看不起自己，认为自己的人生完了。教育事例二的学生因为心怀猜疑，所以才会把同学的眼光当成是笑话自己的材料，如果他没有猜疑之心，人家看他时，他肯定是泰然自若的，绝对不会往笑话自己的方面去想。他的矛盾不是由于同学看了他几眼，而是因为他自己内心的猜疑。教育事例三的主人公可以说因为猜疑，她已经形成了孤僻的性格，她的性格里已经注入了猜疑的因子，不仅是同学、老师，甚至是时刻呵护、关心她的父母，都成为了她的猜疑对象。试想，一个学生除了同学、老师、父母之外，她还会和谁有交流呢？所以她才会没有真正的朋友，这都是猜疑惹的祸。教育事例四的初三女学生，过于在乎别人的眼光，时刻在心里揣摩别人是怎样看待自己的，自己在别人眼中处于一个什么样的位置？她这种猜疑，是源自内心的不自信。如果是一个自信的人，他是不会在乎别人的眼光的，自信的人在乎的只是自己的成功。

通过以上个日常生活中的教育事例，大家可以发现，猜疑之心在学生中普遍存在，而且在每一名学生身上，又有着不同的表现。那么，什么是猜疑心理呢？

猜疑是指对别人进行毫无根据的猜测和怀疑，是一种主观臆想，是一种完全凭借主观推测而产生的不信任他人的心理状态。这是一种十分有害的心理品质，它不但在不同程度上危害着学生的社会交往，同时也给学生的身心健康造成伤害。

生活中我们常会碰到一些猜疑心很重的人，他们整天疑心重重，无中生有，认为人人都不可信，不可交。如，有的学生见到几名同学背着他讲话，就会怀疑是在讲他的坏话，老师有时对他态度冷淡一些，他又会觉得老师对自己有了看法，等等，他总觉得别人在背后说自己坏话，或给自己使坏。喜欢猜疑的人特别注意留心外界和别人对自己的态度，别人脱口而出的一句话他很可能琢磨半天，努力发现其中的"潜台词"，这样便不能轻松自然地与人交往，久而久之不仅自己心情不好，也影响人际关系。这些学生心有疑惑而不愿公开，也很少与人交心，整天闷闷不乐、郁郁寡欢。由于经自我封闭，阻隔了外界信息的输入和自我真情的流露，便由怀疑别人发展到怀疑自己，甚至怀疑自己的能力，从而失去信心，变得自卑、怯懦、消极和被动。

这类学生的特征，首先表现在过分关注别人对自己的看法上，他们总觉得别人可能会看出自己的缺点，并且对此深信不疑，他们似乎感到自己是别人注意的新闻人物，总相信别人在议论自己，并怀疑别人在做对自己不利的事情。其次在处理问题上，他们表现出过分的谨慎和神经质，如担心忘带学习用具、害怕同学误会而反复解释、怀疑自己能力等。最后，他们可能会过分关注自己的健康，害怕患病。总之，世界上的各种事物，只要有不完美的地方，哪怕只有百分之一的可能，他们都会当成百分之百的可能去怀疑、担心、害怕。

2．猜疑心理成因

由于过分在意别人的看法，很多学生自然而然地选择了猜疑，这对于他们身心健康的发展尤为不利，那么到底是什么原因导致了他们如此猜疑呢？归纳起来，猜疑的成因有如下几点：

（1）对环境、对他人、对自己缺乏信任

古人说："长相知，不相疑。"反之，不相知，必定长相疑。不过，"他信"的缺乏，往往又同"自信"的不足相关联。疑神疑鬼的人，看似怀疑别人，实际上也是对自己的怀疑，至少是信心不足。有些人在某些方面自认为不如别人，因而总以为别人在议论自己，看不起自己，算计自己。一个人自信心越足，越容易信任别人，越不易产生猜疑心理。有些学生的猜疑形成在很大程度上与其从小在家庭中受到歧视和虐待，或在学校受到不公正的待遇，伤害了自尊心有关，他们形成了过于敏感、多愁善感的性格特点，使得他们对周围的环境特别的敏感，以后如再遇不测，这种表现就更加明显。因此，每位学生都应当看到自己的长处，努力培养起自信心，相信自己会与周围处理好人际关系，会给别人留下良好的印象。家长、教师应该告诉孩子只要充满信心地学习和生活，就不用担心自己的行为。

（2）认知不当

猜疑一般总是从某一假想目标开始，最后又回到假想目标。长期的紧张焦虑，对事物认识过于偏颇，或常对自己进行消极的自我暗示，往往会使学生在主观上先假定某一看法，然后把许多毫无联系的现象通过"合理想象"联系到一起，来证明自己看法的正确性。有时为了达到这一目的，甚至无中生有，制造现象，越疑越猜，越猜越疑。最典型的例子就是"疑人偷斧"的寓言了：

一个人丢失了斧头，怀疑是邻居的儿子偷的。从这个假想目标出发，他观察邻居儿子的言谈举止、神色仪态，无一不是偷斧的样子，思索的结果进一步巩固和强化了原先的假想目标，他断定贼非邻居家的儿子莫属了。可是，不久他在山谷里找到了斧头，再看那个邻居家的儿子，竟然一点也不像偷斧者。

现实生活中猜疑心理的产生和发展，几乎都同这种由封闭性认知思路主宰了自己正常的思维密切相关。

（3）性格因素

性格内向、思想闭塞的同学与其他同学缺乏交往，就会使自己情绪长期受到压抑，心中的忧伤、喜悦、痛苦、欢乐等都不能得到充分的宣泄，最终变得疑神疑鬼。

（4）自身缺陷

身患疾病或有残疾的学生，常会受到不公正待遇，甚至常常受到同学们的嘲笑和欺侮，他们容易产生自卑感，更容易为猜疑所左右。

（5）自我防卫

有些人以前由于轻信别人，在交往中受过骗，蒙受了巨大的精神损失或者物质损失，遭遇感情挫折，结果万念俱灰，不再相信任何人。

3．猜疑心理应对策略

猜疑的人通常过于敏感。敏感并不一定是缺点，对事物敏感的人往往很有灵气，有创造力，但如果过于敏感，特别是与人交往时过于敏感，就需要想办法加以控制了，严重的猜疑之心会成为害人害己的祸根，甚至卑鄙灵魂也随之而生。具体可采用以下几种方法：

（1）改变认知结构

帮助有这些猜疑心过重的学生树立正确的人生观，用全面发展的眼光客观认识自己、他人及环境，不必用放大镜去审视自己的缺点和不足，而应该看到自己的优点和长处。

另外，要坚持待人以宽的原则。猜疑心重的人，大多对自己要求不高，对别人却多少有些苛求。如，当看到别人背着你讲话就不高兴，换言之，别人的交往方式必须符合你的心意才行，这不就是苛求于人的表现吗？又如，当老师偶尔对你态度冷淡一点也不高兴，换言之，你要求老师对你的言谈举止始终充满热情，不能因他本人的心理状态而有所变化，这岂不有点不合情理？可见，许多猜疑正是对别人要求过高所致。因此，坚持待人以宽的原则，也是克服猜疑心，与他人友好相处的一条途径。

（2）保持清醒的头脑

教育学生用客观的态度审时度势，善于打消由先入为主的假定所引起的心理定式，头脑能冷静、客观、公正地分析事物和他人，防止消极的自我暗示。

要学会用理智力量克制冲动情绪的发生。当发现自己开始怀疑别人时，应当立即寻找产生怀疑的原因，在没有形成思维之前，引进正反两个方面的信息。如"疑人偷斧"中的那个农夫，如果丢失斧头后能冷静想一想，斧头会不会是自己砍柴时忘了带回家，或者挑柴时掉在路上，那么，这个险些影响他同邻人关系的猜疑或许根本就不会产生。

现实生活中许多猜疑戳穿了是很可笑的，但在戳穿之前，由于猜疑者的头脑被封闭性思路所主宰，就会觉得他的猜疑顺理成章。此时，冷静思考显然十分必要。

（3）增强正向引导

对于喜欢猜疑的学生，要为他们树立楷模，引导他们向周围豁达的同学学习，鼓励他们多读优秀的文学作品，多看有益于身心健康的影视剧，丰富其精神生活，开阔其心理视野。

可以多让他们了解一些名人表现出宽广胸怀的事例，让学生从中受到启示：一个成功者的魅力在于他总有一颗宽容的心，他们在没有搞清情况之前，绝不轻易下判断。

（4）树立赏识观念

对于有猜疑心的学生，教师和同学应在学习、生活、思想等方面多给予关怀、支持、帮助和开导，特别是应热情、诚恳，多加鼓励。实践证明，一些在别人身上似乎不值得表扬的事，对他们却给予表扬，极有可能使之产生较大的激励力量，使他们很快从这种猜疑性格的阴影中走出来，变得开朗、豁达。

（5）及时与人沟通

教师应指导学生在产生猜疑心理后，注意加强调查研究，弄清事实真相。俗语说："耳听为虚，眼见为实。"不能听到风就是雨。在及时、客观了解的基础上，及时与同学们开诚布公地进行交流，大多都能解除心中的疑虑。

世界上不被误会的人是没有的，关键是我们要有消除误会的能力与办法，要及时与人沟通，解除疑惑。如果误会得不到尽快的解除，就会发展为猜疑，猜疑不能及时解除，就可能导致不幸。所以如果可能的话，最好同你"怀疑"的对象开诚布公地谈一谈，以便弄清真相，解除误会。猜疑者生疑之后，冷静思索是很重要的，但冷静思索后如果疑惑依然存在，那就该通过适当方式，同受猜疑者进行推心置腹的交心。若是误会，可以及时消除，若是看法不同，通过谈心，了解对方的想法，对双方的友谊也很有好处。若真的证实了猜疑并非无端，那么，心平气和地讨论，也有可能在双方发生冲突之前把事情解决。

（6）社交技术训练

有猜疑心的学生，一般喜欢自我封闭，很少与人交流。此时，学校应与家长密切配合，为学生创造一个愉快的人际交往的心理环境，尽量多安排他们参加集体活动，在活动或游戏中增加与同学友好交往的机会，并及时进行交往技术训练，例如通过与受猜疑者的交流，通过与他人的交流等等，这些方式往往能改变他的看法。

一个孩子一旦掉进猜疑的陷阱，必定处处神经过敏，事事捕风捉影，对他人失去信任，对自己也同样心生疑虑，损害正常的人际关系，影响个人的身心健康。因此，教师必须重视学生的猜疑心理，希望以上几方式，可以使有此类问题的学生逐步树立信心，恢复对他人的信任，改变其猜疑的性格特征。

二、逆反心理的辅导

1. 逆反心理简述

教育事例一：

心理辅导室中高一男学生张标的自述："我来这里是因为老师非要我来不可，我没觉得有什么大不了的事情，但老师总是看不惯我，我也是经过努力才考入高中的。初三时我花了很多时间在学习上，很庆幸自己考得不错，所以进了重点高中，只是刚进高一我想稍微休息放松一下，所以目前成绩确实不行，但我正在努力调整改变。我觉得老师对我一直心存偏见，我想跟我的成绩有关系。我这个人比较直，如果我觉得不对或者没道理就会提意见，否则憋在心里很难受。上节课，老师让我们背诵历史年表，这些东西一查书就知道了，把它们全部背下来，不是很傻吗？我跟老师表示了我的想法，老师坚持说我在故意捣乱，他越是这样说，我就越要跟他争辩一下，何况同学们也很支持我。班主任没少跟我谈话，我几乎天天都要在老师办公室里待上一段时间。"

教育事例二：

某普通中学初三的男生宁越，学习成绩优良，智力水平较高，对数理化特别感兴趣，理科成绩较突出。性格倔强，个性刚硬，自尊心特强，逆反心理十分严重，经常和父母、老师发生冲突、顶撞，有很强的抵触情绪，父母越是反对的事情，他就越和父母对着干。在家里，一旦父母不能满足他的要求，他就使性子，以赖在床上不去上课来抵抗父母，弄得父母亲实在无计可施，有时还得到学校搬来班主任才勉强解决问题。在学校，他这种反抗行为也很尖锐。每当老师批评他时，他眼睛直对着老师，一副不服气的样子，甚至还和老师顶嘴。数学老师因他上课讲话点他名字，从此他专和数学老师作对，上课故意睡觉，不交作业，数学成绩明显滑坡，竟然亮起了"红灯"。班主任找他谈话，他一句也听不进去，是个让家长和老师十分头疼的孩子。

上述两个教育事例中男孩子，都认为自己的想法是对的，以自己之见解，公然反对家长和老师，是一种严重的逆反心理的表现。他们不顾及家长和老师的面子，怀着抵触情绪，顶撞老师。这样的逆反心理，不利于学生形成一个良好的、健康的心理。要想降低类似情况的发生率，就要摸清孩子内心的想法，真正懂得孩子的心。

逆反心理，是指人们彼此之间为了维护自尊，而对对方的要求采取相反的态度和言行的一种心理状态。青少年中常会发现个别人就是"不受教"、"不听话"、常与教育者"顶牛"、"对着干"。这种与常理背道而驰，以反常的心理状态来显示自己的"高明"、"非凡"的行为，往往来自于"逆反心理"。

一定独立意向的盲目性和突出自我是逆反心理的两个本质特征。逆反的实质是表现个性、突出自我。心理学界将逆反心理称为"心理上的抗拒"，指个人自觉或不自觉地感受到某些方面享有的自由被剥夺时，自身激发出的一种抗拒心理。目的是想确保行动的自由，而且这种自由对个人来说越重要，则心理上的抗拒越大。也就是说，当个人发现外界压力或无视其自我时，为了保护或突出自我，而在内心筑起一道"防感染层"。逆反心理的实质是一种特殊的反对态度，是青少年在社会化过程中逐渐形成的一种稳定的逆向心理倾向。

2. 逆反心理成因

逆反心理的产生是由于中小学生尤其是中学生心理发展正处于半幼稚、半成熟的过渡阶段，对外界的要求往往缺乏正确的理解，总认为自己已经长大了，有自己的思想了，家长、教师不要干涉、限制过多，加上一些家长、老师教育方法过于简单、粗暴，造成亲子、师生双方感情上的隔阂，学生就容易对他们禁止的东西产生兴趣，形成逆反的心理。逆反心理是中学生心理发展过程中的必然现象，是自我意识发展的必然结果，是走向成熟的一种表现。逆反心理的成因主要表现为以下几个方面：

（1）成长因素

①学生思维的发展

学生进入中学阶段后，由于大脑的发育成熟并趋于健全，脑机能越来越发达，思维的判断、分析能力越来越明显，思维范围越来越广泛和丰富。特别是思维方式、思维视角已越出童年期简单和单一化的正向思维，向着逆向思维、多向思维或发散思维等方面发展。尤其是在接触社会文化和教育过程中学生渐渐学会并掌握了逆向思维等方法。学生思维的发展和逆向思维的形成与掌握，是逆反心理的产生的条件和基础。

②性的成熟

处于青春期的中学生在性方面已经逐渐发育成熟，由此而引发的性特征越发明显和突出，性别意识、性意识便逐渐建立和强化。由于性的发育而导致的性别意识、性意识又进一步在心理上产生"断乳"的现象，进而形成渐趋强烈的个性意识、独立意识、成人意识。正是这些意识的形成，使得他们认为自己已长成大人，理应自己管理自己，自己决定自己的事情。面对老师的教育、家长的指教有意无意地回避、反感甚至背离。教师诲人不倦的施教、家长苦口婆心的相劝，等等，早已被其强烈的独立意识和成人感意向驱散了。

③心理与生理的矛盾

青春期的中学生尽管在生理和心理的发展上都有了极大的飞跃，但其生理和心理的发展是不平衡的，甚至是矛盾的。这种矛盾和不平衡主要表现在生理上的成熟和心理上的不成熟。具体来说，青少年在认知发展中，由于阅历和经验的不足，造成其认识上的不坚定性和易动摇性，他们的思维虽然具有独立性、批判性，但他们认识事物和看问题时的偏差太大，从而出现认识上的片面、偏激、固执和极端化等现象。

（2）家庭因素

家庭是学生成长的根本环境，它是一个人一生中最先接受教化的地方。不同家庭的不同教育方式会培养出孩子不同的心理品质和个性。一些家庭中不良的教育方式会直接影响青少年逆反心理的形成。

影响学生逆反心理的家庭因素主要有：家长对学生要求过高，学生的压力过大，如考试达到什么程度、穿什么衣服等；父亲和母亲对孩子的要求不一致，孩子就会依靠宽松的一方对抗严厉的一方；家长目标要求前后不一致，有些家长对孩子的要求目标不稳定，前后矛盾，往往根据心情来确定要求；还有些家庭过于溺爱自己的孩子，孩子的任何要求都无条件地答应，把孩子捧在手心，生怕他们受到一点点的委屈，养成了孩子自傲、不能自力更生的性格，一旦家长在某一方面不依照自己的孩子的意思行事，那么这些"王子公主"就会闹翻天等等。

（3）学校因素

学校是学生成长和社会化的主要环境，学校中某些不良因素的作用也是学生逆反心理形成的又一重要因素，而且是关键因素。学校不良因素对学生逆反心理产生的影响主要表现在三个方面：

①教师教育指导思想的偏离和方法上的不当。具体来说，是一些教师在教育指导思想上存在着为完成施教任务而完成施教任务等应付

差事的想法。在这种思想指导下，教师不认真探索最佳、最有效的教育途径和方法，只运用"填鸭式"的灌输方式教育学生，而且教育教学上的施教内容老化，教育从内容到形式照本宣科、呆板乏味，这一切都使学生对教育产生反感或产生心理上的逆反。

②教师在施教过程中，不尊重学生，不顾及他们的心理感受与体验。当他们出现问题时，不是站在学生的角度分析问题，而是一味地强调师道尊严，导致学生因对教育者本身排斥，进而对教育产生逆反心理。

③一些教师在对待学生的性格、能力、成绩等方面不能客观评价，过于注重分数，对学生的一点小错揪着不放，使学生产生"老师对自己失去信心"的想法，在情感上与老师对立、背离甚至反其道而行之。

（4）同辈群体的影响

同辈群体是指同龄或相近年龄组成的群体。在众多同辈群体中，青少年受同辈群体的影响最突出，对同辈群体的依赖性最明显。这是因为在青少年同辈中，青少年不仅有共同的心理感受和需求，而且都有相近的爱好、兴趣和共同的行为倾向，它们之间相互容易认同，最能达到或造成相互转化与感染。其中青少年同辈群体中积极的价值观念及行为倾向与家庭、学校、社会的教育目的大体一致，置身其中的个体青少年的心理就较为正常合理。而青少年同辈群体中不良的价值观和行为倾向则对置身其中的一些青少年心理产生不良影响。比如在青少年学生中存在的不良英雄观、出风头、唱反调等想法和行为就使一些本来正常的青少年被潜移默化了，再加上青少年自身心理的不稳定性和模仿性，容易使其形成逆反心理。"近朱者赤，近墨者黑，"说的就是这个道理。因此，同辈群体的影响在青少年逆反心理的形成因素中是不可忽视的。

3. 逆反心理应对策略

在个体的发展过程中，有两个反抗时期：第一个时期是在 3－4 岁，由于儿童自我意识的发展，开始要求摆脱家长的束缚，独立参加活动；第二个时期是在十四五岁到十八九岁，由于身心的发展，自我意识和独立性的增强，开始对成人社会进行反抗和批判。正常范围的反抗是学生个体自我发展和寻求独立的表现，是学生心理发展的一次质的飞跃。可以说，没有这种对抗，学生就不会真正地成长。但是，由于家长和教师缺乏对学生身心发展和主观愿望的了解，希望学生能够按照成人设定的道路成长，从而导致相互间矛盾的产生，使逆反心理增强。因此，学生有逆反的心理是正常的，并不是所有的有逆反心理的学生都需要辅导。这里，逆反心理的辅导对象是那些反抗行为过于频繁、过于激烈并持续相当长时间的学生。

家长、教师可以尝试从以下几个方面应对中小学生的逆反心理：

（1）转变教育者的指导思想，充分尊重被教育者

从形式上看，教育者和被教育者之间是一对矛盾性的存在，实质上这两者是一致的。这是因为教育者教育的目的或目标都是为了被教育者健康的成长和发展，这和被教育者的愿望是一致的。并且教育者和被教育者是一种相互依存的关系，被教育者需要教育者的指导，教育者教育指导的作用又通过被教育者的有效的社会化和不断提高的健康发展能力来实现。教育者只有正确处理这一关系，并在指导思想上树立热爱教育工作特别是热爱思想教育工作的意识，才能在教育内容、形式和方法上做到积极探索，敬业工作。只有尊重青少年，才能减少青少年的逆反心理和逆反行为，从而与学生建立一个和谐的师生关系。

另外，家长和教师要树立起现代教育理念，将学生作为一个独立、平等的个体来看待，尊重学生的身心发展特点和合理要求，学会用学

生的眼光看待问题。处理学生的问题要避免简单、粗暴、压制的方式，也不能忽视和放任，要多从关心、理解、帮助的角度出发，采用商讨的方式，从心理上感化他们。对学生的反抗行为，不要为了维护自己的权威、地位而进行对抗或与其僵持起来，要冷静，保持自身情绪的稳定，可以进行适当的"冷处理"。确实是自己的错误的话，要勇于承认。如果不是自己的原因，也要向学生讲清楚师生矛盾的原因，讲明原因时要求要明确、清晰。

（2）加强感情投入，密切教育者和被教育者的关系

无论是心理学理论还是大量的社会现实都表明了，感情是一只无形的手，影响着人们的行为倾向和行为做法。有些事情并非顺理成章，并非符合科学要求，但由于感情的因素，它会无形地左右着人们的某些行为与思想，这就是情感的魅力。

对于生理、心理均不成熟的青少年来说，在其行为意向和决策中，受感情因素的影响很大。学生们喜欢什么，不喜欢什么，会直接影响着他们的行为。有经验的教育工作者都有体会，学生们的学习热情很高，很大程度上是因为喜欢某位老师的结果。如果教育者在感情上与被教育者多些相融，多些亲近，相信青春期的学生在心理上就不会再对老师有那种厌恶、背离的情绪，逆反心理自然就会淡化甚至消除。

（3）加强同辈群体的指导

任何群体都会对个体产生一种心理压力，这种压力可以说是一种生存、生长环境对人的压力作用。积极的群体对个体的心理产生的是一种正向的力量。为此，加强对同辈群体的正确指导，及时发现不良风气并做到尽早扭转是防范逆反心理和不良习气滋生、扩大的有效手段。特别是对同辈群体中"领袖人物"的有效控制和指导，更是必要的。教师在教学和班级管理中要注意班风的建设，把不良风气扼杀在萌芽状态。

（4）加强对社会文化现象的分析和导向

面对社会错综复杂的文化现象和社会问题，青少年往往还未具备正确的认知能力，常常受好奇心驱使并进行模仿，让人难以辨清他们所进行的行为的实质或其中蕴含着的消极的、不合理的因素。这就需要广大教育者及时、有效、准确地把握这些现象和问题，把它提出来，置于被教育者面前，深刻分析其实质和其中的不合理成分，帮助青少年建构正确的认知结构，避免盲目地追随和模仿。通过这种方式，学生不会因为家长、教师禁止他们的某些行为而产生逆反心理。

（5）学会沟通与理解

家长、教师应该教会学生学会与人沟通、学会相互理解。合理的沟通方式有助于带来交往中的双赢，应该让学生学会通过沟通解决问题。单纯的逆反行为无法解决任何问题，只能使问题越来越糟，学生可以尝试以更合理的方式来解决问题，比如单独与老师聊一聊、写一条短信表达自己的意见等等。

家长、教师要时常教育学生学着从积极的意义上去理解长辈、老师的行为，大多数时候长辈的啰唆和批评都是善意的，都是出于对学生的关心。同样老师、父母也是凡人，也会认识不全面，也会犯错误，也会误解人，这时学生需要学会抱着宽容的态度去理解家长、教师，就可以减少因为逆反心理而产生的冲动。

逆反心理是青春期学生的正常心理现象，家长、教师要正确认识，积极引导，避免学生由逆反走向极端。

三、青春期心理辅导

1. 青春期简述

教育事例一：

初中的女生潘菲出生在书香门第，从小受家庭氛围的熏陶，知书识礼，乖巧伶俐。父母视她为掌上明珠，百般呵护。随着潘菲的第二性特征越来越明显后，父母顿感肩上的担子又重了许多。于是搬出"女儿经"，谆谆教导女儿：女孩子对男孩子不能过分亲近，否则就会变坏；女孩子在学生时代对男孩子产生感情，就要成为坏女孩。潘菲牢牢记着父母的训示，小心地守护着心灵那块神圣的净土以防被玷污。

一次春游，一名女同学和她不知不觉间走进一个隐秘的树丛里，突然发现远处树丛间隙里藏着一男一女，只见男人正和女人如醉如痴地亲吻抚摸。她呆了，要不是那名女同学催促，几乎忘记了离开。

在返程的车上，潘菲心里头很不是滋味。回到家，一头钻进卫生间，想好好洗个澡，把那些肮脏情景冲洗干净。

她站在莲蓬头下，和着温润的流水擦洗自己的身体，当她的手不经意间触到乳房时，突然一阵战栗，仿佛"来电"一般，她情不自禁地想起了树丛里的"一帘春色"……

当晚，菲儿失眠了。她蓦然发现陈竹来了。陈竹是学校文学社的大主笔，她心中的白马王子。潘菲知道陈竹也喜欢她，只不过她一直不敢动那亲近的念头。可今天，潘菲大大方方地迎向他，陈竹于是扑过来，抱住她，两人拥抱在一起，那种来电的快感又一次灌注全身，突然，陈竹开始有了非礼行为，潘菲惊恐地叫了起来：原来她做了一个梦。

第二天回到学校，潘菲浑身不自在，她眼睛看着黑板，心里却想着树丛里的"春色"和梦中的情景。"不行！不行！"她在心中叫着，她责备自己太"肮脏"，发誓要赶走幻觉。然而，她越是压抑自己，那"春景"越是变本加厉地在她头脑里"兴风作浪"。从此潘菲成天为自己担心害怕，注意力老是集中不到学习上，成绩一落千丈。终于，父母发现了问题，潘菲被送到了心理咨询室。咨询的结果让潘菲和她的父母都松了一口气，事情远没有那样可怕。

教育事例二:

刘寒,在初中时期,受一个邻居的唆使,看了一本黄色小说,当时他感到很刺激,很兴奋,并伴有强烈的性幻想和自慰行为。而性快感又强化了他对黄色书籍的渴望,最后形成了恶性循环,使自己陷入过度手淫中不能自拔。同时,他对自己的这种行为又感到自责,这种内心的矛盾冲突令他痛苦不已。到了高中后,他的内心冲突更加突出:越和女生接触交往,其性欲望和性冲动就越强烈,手淫行为也越频繁,同时自我谴责也越强烈。慢慢地,他觉得自己太坏,而且感到别人能通过他的眼睛看到他的内心深处。于是,不敢见人、对人恐惧的症状开始出现并越来越严重,最后发展为必须戴上墨镜才能心安。

事实上,进入青春期的男女,出现"怀春"现象是生理与心理发展的必然结果。女孩十二三岁月经初潮后,乳房日趋隆起变大,体态丰满,臀部变圆,体内大量地分泌雌激素,性欲开始产生,与异性接触的欲望普遍增强,而且表现形式也越来越丰富多彩。例如喜爱看性知识方面的书籍,喜欢摘抄文学作品中有关爱情的精彩描述,摘抄描写爱情的诗歌和歌曲,并由此引起性的联想。同时,喜欢关注异性,渴望和异性接触,喜欢在异性面前显示自己的相貌、体态,有的甚至想方设法通过某种挑逗来引起对方的注意,心理学家把这个时期称为"对异性憧憬时期"。如果一个处于发育时期的少男少女,把自己正常的性生理和性心理发育看成淫秽的、罪恶的表现,并影响了自己的正常思维、情绪、行为,那便是心理障碍。

对于十六七岁的学生来说,进入青春期时,他们是茫然的,什么都不知道的。再加上青春期里面的一些特殊的表现,一些学生往往产生惧怕心理。他们不知道这些青春期的表现都是正常的。因此,学生需要了解青春期,老师和家长也需要帮着他们了解青春期的正常现象。当学生顺利度过这一时期的时候,他们会发现这是他们人生中最美好的时光。

2. 青春期问题成因

青春期身体的急剧变化，特别是性的成熟，对学生心理过程和个性心理发展的各个方面都有极大的影响。但青春期学生心理的发展滞后于生理的发展，这种身心发展的不平衡，使中学生常常陷入困扰之中。青春期是学生心理急剧发展、变化的时期，心理的可塑性很大，如果没有家长、教师的正确的引导，容易形成不良的心理品质。追根溯源，青春期问题的成因有以下几个方面：

(1) 自我意识的增强与判断的片面性

自我意识是个体对自己本身及自己与客观世界关系的一种意识，是以个人的愿望、信念、价值观及对未来的期望来评价自我的。自我意识包括自我观察、自我认识、自我体验、自我监督、自我控制、自我评价等情感体验。自我意识的确立，使人具有自我控制能力，它对学生的成长过程有着深刻的影响。

由于中学生的心理发展还不够成熟，还处于社会化的过程中，往往出现心理上的不安和认识上的混乱。他们渴望摆脱成人的影响，保持独立的见解，但因对现实社会生活缺乏必要的准备，在认识上常出现混乱状况，做出的判断常常带有偏激性和片面性。

(2) 成人感的增强与模仿、尝试

青春期使学生的身高达到或超过自己的父母，体态开始变化，性意识觉醒，加上知识的增加，视野的拓展，能力的发展，"成人感"就强烈地显露出来。正是这种成人感使他们产生了很强的对成人模仿的心理和对成人行为的尝试。但由于认识水平的局限，往往只是将模仿成人的外在表现作为达到成人的途径，不恰当地学习、模仿成人外貌的特点、某些方面的特权，如衣着、打扮、吸烟、饮酒等。中学生由于身体的成熟与社会的人格成熟不同步，尽管中学生的"成人感"

在逐步发展，但他们对社会的认识还很肤浅，还不能立即进入成人世界。

（3）独立性与依赖性

由于自我意识的发展，中学生开始有强烈的独立意识、自主意识，独立性、自尊心、好胜心明显增强，对成人的要求开始以批判的眼光来看待，对家长、教师、成人不再言听计从，而是努力挣脱成人的束缚。然而中学生的独立性虽然增强了，但他们在认识、情感、行为上还是很幼稚的，独立的条件和能力还不具备。

（4）封闭性与开放性

随着社会经验和情绪体验的增多，学生的心理活动逐渐变得含蓄、内隐，出现了自我封闭的情况，不再轻易地相信他人，更多地向自己倾诉内心的秘密和对未来的憧憬。但社会化的需要，又使他们产生与人交往的强烈愿望，渴望在交往中得到理解和支持，因此其心理又呈现开放的状态，但开放的对象仅限于同龄的知心朋友。中学生的心理封闭性与开放性并不是绝对的，当遇到难以解决的问题时，还是希望得到父母和老师的指导，但采取的方式可能是相反的或是以第三者的问题形式出现。

（5）情绪的多变性

中小学生正处于从童年向成人的过渡期，他们的情绪兼有儿童和成人的特点，表现为反应强烈、变化快、动荡与起伏大，常常产生两极波动。

中小学生情绪的多变性和极端表现，既有其生理基础，也有深刻的社会原因。从生理上看，青春期学生的腺体分泌旺盛，生理上促使人的情绪剧烈波动，同时因性发育的逐步成熟也给中学生的情绪带来很多困惑。从社会上看，随着认识的不断深化，社会化进程逐步完善，因理想和现实的脱节，中小学生理想的"我"和现实的"我"之间产生激烈的矛盾冲突，从而导致挫折的产生。

（6）性意识的觉醒

伴随着青春期的到来，中学生的性意识逐渐觉醒。性意识是个体对性的理解和态度，是对性心理的总称。随着性意识的发展，中学生对异性的态度开始发生变化，由"亲密无间"变得"形同陌路"，在这种表面现象下，隐藏的是中学生从内心渴望与异性接触的心理，但碍于舆论的压力，他们对异性的好感、接近、倾慕和依恋只能通过隐蔽的方式进行。由于性的生理冲动和体验是一种全新的体验，必然会打破原有的生理、心理平衡，如果缺乏正确的引导，不能控制自己的生理冲动，很容易造成遗恨终生的事情。

青春期是学生心理问题的多发期，教师、家长必须了解青春期问题的成因，这样才能更好的对孩子、学生进行指导。

3. 青春期问题应对策略

青春期是每个孩子必须经历的一段人生，怎样让孩子正视青春期问题，在青春期里无忧无虑，度过一个快乐的时光，家长和教师必须携手努力，共同为孩子的青春期创造一片美好的蓝天。下面介绍几种比较可行的、引导孩子应对青春期问题的办法：

（1）掌握科学的性知识，树立健康的性观念

中学生对性知识的渴望，也正是进行性教育的契机。家长、教师应该让中学生通过正当的渠道接受科学的性教育，掌握性知识，打破"性神秘"，提高中学生的辨别能力，提高抵制错误信息的免疫力，避免性心理误区的产生。

当前中学生获得性知识的途径很多，但多数性信息缺乏科学性，加之我国过去保守的性观念的影响，很多学生把对异性产生好感、出现性萌动和性渴望当成是可耻的事，将对性知识的了解看成是下流的事，羞于去了解与学习。另外，受"性解放"思潮的影响，一些学生

用庸俗低级的态度、色情的眼光来了解性知识，这一切都是不正确的性观念。不正确的性观念所带来的一些后果又使学生陷人自责和担忧之中，不仅严重影响了学生的健康成长，也给学校、家庭、社会带来了巨大的压力。因此，科学性知识的传授，正确性观念的树立，有助于使青春期的学生克服性迷茫和性焦虑。

（2）树立远大理想，增强性意识自制力

树立起远大的理想，才能有创造事业的雄心壮志，才能锲而不舍的追求理想。同时，这种精神状态也是避免踏入性心理误区的有效武器。

性意识自制力是学生自己对异性产生的行为上的协调与控制的能力。当前，中学生正处于性意识觉醒、性机能成熟阶段，当他们遇到性干扰，引起内心烦躁不安的时候，当他们内心烦恼苦闷不能很好排解的时候，要让他们学会自我克制，自己告诫自己、激励自己、提醒自己，同时，学生也不能一味地压抑自己的情感，可以引导学生采用自我暗示、情感转移、合理宣泄等方式来进行自我调节。

（3）形成文明、健康的交往环境

男女生之间缺乏正常的交往，将会进一步强化他们对异性的神秘感和好奇心。开展男女生共同参加的丰富多彩的活动，从客观上可以为中学生提供一个正常的交往机会。这样可以使中学生逐步认识到男女之间的正常交往是社会交往和社会适应的重要组成部分，从而有助于打破性神秘，使他们对异性的心理反应正常化，避免因性神秘而引起的对性的过于敏感。在男女同学相互交往中，要指导他们不仅要自尊自爱，而且要互相尊重，言谈举止要文明礼貌。交往中活动的场所、时间、地点、方式要符合社会环境，避免引起他人的误解。

（4）培养兴趣，陶冶情操

学生阶段，正是人生理和心理急速发展的时期，但有一部分学生的精神世界相对空虚，过剩的精力无处发泄时，不免会产生一些无聊的想法。因此，学好功课之外，教师、家长还要引导学生努力培养自己的兴趣爱好，丰富自己的精神世界，充实自己的生活。在丰富多彩的活动中净化灵魂，陶冶情操，同样，也可以通过多种多样的活动和做自己感兴趣的事来缓解自己的压力和烦躁的情绪，保持心理平衡。

青春期是学生人生中的一个问题多发期，家长、教师要做好引导和帮助工作，让每一位学生都能健康成长。

第二节　做学生学习心理的引导者

一、转变学生的学习观

1. 学习观简述

学习观是指人们对学习的看法以及内化为自身思想意识的态度和情感，在具体的教育教学活动中，称其为学习方式。

学生的学习方式有接受式学习和发现式学习两种。在接受式学习中，学习内容是以定论的形式直接呈现出来的，学生是知识的接受者；在发现式学习中，学习内容是以问题形式间接呈现出来的，学生是知识的发现者。两种学习方式都有其存在的价值，彼此是相辅相成的关系。传统的接受学习方式过分强调接受和掌握，忽略了发现和探究，学生的学习成了被动接受、记忆的过程。这种学习方式不但压抑了学生学习的兴趣和热情，而且影响了学生的思维和智力发展。发现学习方式把学习过程中的发现、探究、研究等认识活动凸显出来，使学习过程更多地成为学生发现问题、提出问题、解决问题的过程。

学习方式是教学过程中的基本变量，不同的学习方式会影响同样教学环境下的学习结果。因此，我国第七次课程改革的重点之一就是学习方式的转变，即改变原有的单纯接受式学习方式，建立和形成旨在充分调动、发挥学生主体性的探究式学习方式。

教学事例一：

北京史家胡同小学正在实施"小博士工程"，要求孩子们利用课余时间，自愿完成一项"长作业"，少则两周，多则三四个月，自己研究探索某一个专题，或完成一部童话作品，拓展学习领域，让学生在探索中自主学习。

"小博士工程"涉及范围广泛，包括天文、地理、科技、历史等，不同年级、不同班级都有自己的"子工程"。确定的专题包括"北京的四合院"、"国宝大熊猫"、"关于沙尘暴的调查报告"、"中国茶文化"等，以个人或小组合作方式进行研究。

同学们利用课余时间，通过图书馆、书店、网络等方式收集材料，许多同学还走向社会，去考察、采访。如三年级四班的十几名同学研究北京胡同，每到周末，同学们就背上水壶、面包、笔记本、照相机等穿梭于北京大小胡同之间，结识了很多老北京人，更加深刻地了解了北京的历史文化。同学们把收集的资料进行分类整理，然后和老师、家长一起研究，最终得出了个人的"结论"。

为了达到广泛交流的目的，学校每周一组织一次课题演讲，"小博士"们向老师、同学介绍自己进行专题研究的经过，专题的主要内容以及研究的体会，并当场回答同学们提出的各种问题。

上述事例就是改变了学生学习方式或者说学习观的典型案例，通过对上面案例的分析，我们可以得到许多启示，比如：

（1）学习方式的改变促进了学生学习能力、学习态度以及学生主体性意识的提高。

传统学习方式是教师教、学生被动地接受学习。在"小博士工程"中，学生完成课题采用了包括研究性学习、合作学习与自主学习等学习方式，这些方式对转变学生的学习态度、提高自主学习能力都有很大的帮助。

（2）研究性学习方式使学生在探索的过程中学会了学习。

学生通过探究获得了智力能力的发展和深层次的情感体验，建构了知识，掌握了解决问题的方法。学生做课题的过程实际上就是从事科学研究的过程：选择课题，收集资料，调查研究，资料分类整理，得出结论，研究成果汇报等。在这个过程中学生的问题解决能力、社会交往活动能力，以及语言表达能力等都能得到了锻炼与提高。

（3）在课题研究中，有些同学采取了小组合作方式，分工合作，这样可以培养学生的团结协作精神、与人沟通的技巧，带动、增加其他学生的参与性，让孩子能够尽早地适应集体生活。

（4）采用的学习方式中包含着自主学习方式，学生通过自己设定课题，自己制定课题完成的时间，自己安排研究进度、研究方式等，最终提高了自己的认知学习能力，提高了自主性，有利于形成自力更生的性格。

（5）上述课题都与社会现实生活有关，激发、培养了学生的学习兴趣与探索精神，培养了学生积极的学习态度。

事实上，学习始终是学生自己的事，教师只是起到引导的作用。所以，教师必须通过多种多样的学习方式帮助学生树立正确的学习观。

2. 面向未来的学习观

学生的学习观，说到底是学生的学习方式。转变学习方式就是转变单一的、被动的学习方式，提倡和实践多样化的学习方式，特别是要提倡自主、探究与合作的学习方式，让学生成为学习的主人，使学生的主体意识、能动性和创造性不断得到发展，培养学生的创新意识和实践能力。作为学生学习的指导者，教师要努力促使学生形成具有积极意义的主动探究式学习观。那么，有利于学生健康成长，有利于学生自主、合作、探究的学习观有哪些呢？主要有三种：

（1）终生学习观

从字面意义上讲，终生学习是指人一生持续不断学习的活动。欧洲终生学习促进会将终生学习定义为："通过一个不断的支持过程来发挥人类的潜能，它激励并使人们有权利去获得他们终生所需要的全部知识、价值、技能与理解，并在任何任务、情况和环境中有信心、有创造性和愉快地应用它们。"

终生学习观要求人们把学习从单纯接受学校教育的学习中扩展开来，并从少数人的学习扩展到所有人的学习，从阶段性的学习扩展到人的终生的学习，从被动的学习发展到主动的学习，从而使学习真正成为所有人终生的行为习惯和自觉行动。终生学习是新世纪知识经济和人的全面发展的要求，它有利于学生养成自主、独立的学习习惯。

（2）全面学习观

所谓全面学习观，就是既要学习知识，提高能力，又要培养良好的道德品质，树立正确的人生观和价值观；既要博又要专；既要全面发展，又要突出个性等。随着时代的进步，知识也日新月异，社会越来越需要综合型人才，所以，学生必须树立全面的学习观。我国现在大力提倡的素质教育，就是要求全面培养孩子，不仅要培养孩子的科学文化知识，还应培养孩子参与实践、提升个人素质等方面的知识。

要注意的是，树立全面学习观要正确处理好几方面关系：德与才的关系；博与专的关系；全面发展与个性发展的关系。只有很好的处理了这三方面的关系，学生才不会仅仅被文化知识所束缚，才能真正地朝着复合型人才、综合型人才的方向发展。

（3）创新性学习观

创新性学习，是指通过学习提高一个人发现和吸收新知识、新信息以及提出新问题的能力，以迎接和处理未来社会发生的各种变化的学习。学生对待知识，既要学习古人留给我们博大精深的知识，又要在此基础上加以创新，这样知识才会延续下去，不至于停留在以前的某个认识上和某个阶段上。

创新性学习的特征包括学习的主动性、学习的选择性、学习的自我调控、学习的创造性。创新不是别人给我们描绘了蓝图，我们照着别人的路子走，而是要在现有的知识基础上，稍加选择，积极主动，创造出以前没有的，专属于自己见解的知识。未来所需的人才是创新型人才，必须从现在培养学生的创新精神、创新意识。同时，学生要注意，创新有时不是一个人能完成的任务，所以，必须学会和他人分享知识，和他人合作共同进步。

（4）主动发现式学习观

主动发现学习就是把问题的形成作为学习的起步阶段，探究学习的关键在于向学生提出具有挑战性和吸引力的问题，使学习形成问题意识。学生的主动发现学习过程是一个发现问题、分析问题和解决问题的过程。从问题着手，层层深入，在主动探索中掌握所学知识。评价学生主动发现学习的效果，主要看学生发现、解决了多少问题，而不是只看学生掌握了多少知识。主动发现式学习观有以下特点：

①实践性

传统学习观在一定程度上割裂了学习和实践的关系，过分强调书本知识的学习，忽视了学生的社会生活实践，结果培养了许多高分低能的学生。主动发现式学习则极为重视学生的实践活动，学生从探究中学习知识，从做中学习技能。这样的学习，有利于激发学生的内在动机，理解学科内容，对学习产生兴趣。

②主体性

建构主义特别重视学生在学习活动中主体地位，认为知识是由学生主动建构的，主动发现学习就体现了这一内涵。在主动发现学习中，学习不是由教师直接告诉学生如何解决面临的问题，而是由教师向学生提供该问题的有关线索，如为学生提供数据资料、背景知识等，让学生通过自主探究，分析问题，解决问题，主动建构知识。

③开放性

主动发现式学习是一种开放性的学习方式，它的目的是使学生经历探究过程，以获得能力的发展和深层次的情感体验，建构知识，掌握解决问题的方法，因而它的目标具有开放性。学习的过程也强调个性的学习，学生在此学习过程中自主独立的创造别具一格、内容新颖，所以说这一过程具有开放性。

④参与性

传统的接受式学习方式下，教师讲，学生听，学生的主体地位往往受到侵犯而失落，主动参与学习的机会少。最终，学生学习的主体意识变得淡漠，成为被动听课的知识容器。主动发现式学习中，学生自主发现问题，实验、探索、调查、收集资料、整理数据和处理信息的每一环节都要有学习者的主动参与，极大地增加了学生主动参与学习的机会。

3．促进学生学习观的转变

新课程改革的核心就是要变传统的"师本教育"为崭新的"生本教育"，这一变更将会使学生的学习职能、学习形式、学习目标、学习责任及学习内容展现出崭新的一面。学生是教育教学活动的主体，是教与学矛盾的主要方面。要使学生对新课程逐步地了解、适应、习惯和喜爱，要使他们对新一轮课程改革激情参与、积极投入，教师就要更多地关注学生，研究学生的学习观并引导它向好的方向转变。

（1）从满足"学会"转变为追求"会学"

传统的学习观念中，学校的职能就是教会学生，使学生学会知识，学生认为自己只是收纳知识的容器。当今的社会已经进入一个需要终身学习的时代，没有人能教会任何人所有东西，学生的学习过程，虽需要教师的教，但最终要依靠学生自己完成，学生所学到的和学生潜在中所能学到的应该远比教师教的多得多。

只要平静地回想一下，教师自己在小学、中学乃至大学从教师那儿究竟学到了什么？是大堆大堆的自然科学的公式定律吗？不是。是大段大段的社会科学理论的描述吗？不是。真正使你在工作中得心应手进行应用的，是分析问题的立场和方法，是在新场景下再学习的本领。因此，在学习过程中，学生掌握学习方法、学会学习才是学习的最终目标，其中学会学习是为了将来更会学习打基础。"最有价值的知识是关于方法的知识"，只有掌握了合理的学习方法，才可以在终身学习中不断提高掌握知识的质量，加速掌握知识的速度，缩短掌握知识的时间，并可随意扩大所了解的知识的范围。

（2）从满足"独立学习"到注重"合作学习"

传统的学习中我们比较强调"独立学习"，这在培养学生独立思维能力的同时，客观上剥夺了学生之间的交流与合作。其实，在当今知识膨胀的时代，复杂的学科知识单靠个别人的单兵作战已远远不能解决问题，单个学生自己的学习能力及所能达到的学习水平也是非常有限的。为了适应未来的社会，必须要让学生树立合作学习的观念。

现代教育理论认为，采用合作学习比独立学习能获得更高的学业成就。苏霍姆林斯基说："当一个人在教育别人时，他自己才能更好地受到教育。"学生和同伴彼此之间的合作是课堂效率取之不尽、用之不竭的源泉。现代的学校课堂如果还是片面强调任何问题都要独立思考而不利用学生之间的合作来组织教学，那么，这个学校课堂已经落伍了。教师在教学活动中一定要纠正学生的偏见，要使他们认识到强调独立地学习、独立地思考并非否定合作，事实上，只有团结合作，齐心协力，才能真正做好一件事。教师应该看到，对某种规律认识的提高及某种良好研究问题习惯的养成，有时也许比正确课题研究结论的得出更有意义。正确课题研究结论的得出只是一时的事情，良好习惯的养成却是影响人一生的事情，而合作学习习惯的养成就是影响学生一生的事情。

（3）从仅仅"学知识"转变为"学做人"

传统的学习观念中，学生学习的目的就是能在各类考试中获得高分，成绩的高低成了衡量学习好坏的唯一标准。新课程方案提出课程要向学生提供"五种学习经历"的新概念，就是要通过提供品德形成和人格发展，潜能开发和认知发展，体育与健身，艺术修养和发展，社会实践五大方面的经历，注重学生的全面发展，真正实现学生由学校人向社会人的转化。学生在学校老老实实向教师学习知识的同时，应认认真真地学习正确的做人的态度，在学校期间学生要培养自己处身立世所必须具备的最基本的素质，为一生的做人与发展奠定基础。这就要求教师认真仔细的做好思想工作，用自身的模范作用，通过心灵与心灵的碰撞，采用赞赏、表扬、评比、激励以及批评等多种手段，引导学生自我调适、自我选择、自我升华，并且不断地在他们成长的道路上设置路标，使他们能严格要求自己，在学识和品行上不断地提出更高的努力目标，并使他们从一个个的学业成功中获得胜利的欢愉感。

（4）从"被动学习"转变为"主动学习"

传统的教学模式只重视教师的主导作用而忽视学生的主体作用，只看到学生知识"出于师"的一面，而忽视了其能力应当"胜于师"的一面，这些人才的培养方式严重遏制了学生创新能力的挖掘，越来越成为社会发展的障碍。新一轮课程改革的一个重要目的，就是要打破传统的教学模式，使学生从分数中解放出来，真正成为学习的主人。

因此，今天的教师要由知识的传授者转变为学生学习活动的促进者，由教学活动的主角退到幕后做好活动的导演。教师在课程改革的过程中首先要做的也是最难做的，是教育学生学会学习，要下大力气改变他们传统的依赖型、一味接受型的学习方式，改变机械训练、死记硬背的现状，引导学生在学习中培养主动参与探究学习的能力，勤于动手收集和处理信息的能力以及与教师、同伴进行交流与合作的能力，以促进他们自身的全面发展。

（5）从"固定学习"转变为"选择学习"

传统教育观念造成的恶果是一张试卷定终身，考试面前人人平等，教学大纲必须严格遵守。只要是同一性质的学校的学生，在小学、中学乃至大学学习的内容是一样的，所用的教材和教学资料是完全相同的。这种"一刀切"、"一锅煮"做法的结果是：有些学生"吃不饱"，有些学生"吃不了"；有些学生急需学的知识学不到，有些学生学的知识在自身发展的过程中用不上。多元智力理论就指出，每个人的学习类型千差万别，他们的思考方式、学习需要、学习优势、学习风格也各不相同，因此，每个人的具体学习方式是不同的。这意味着在组织学生学习时，要尊重每一名学生的独特个性和具体需要，为每名学生设置富有个性的学习内容，给每名学生自主发展的创造空间。既要尊重学生的独特性，又要承认学生在学习中的差异性。教育学生根据自身的具体特征量体裁衣，选择有利于自己发展的课程内容学习。只有这样，才能从容地面对当前这个知识爆炸的年代，才能培养出真正富有个性，又具有时代特征的有创新意识的人才。

要促进学生学习观的改变，课堂教学必须使每名学生利用最为"合适"的学法、习法，得到最大的发展，使学生获到最大的效益。那么，在具体操作层面，教师该如何做呢？

首先，教师应做到：凡是学生能做到的，教师就不"代劳"；凡是学生自己能说的，教师就"免开尊口"。

有了这样的前提，课堂时间就属于学生。但这里要强调一点，以上几个"凡是"并不等于不需要教师，教师是组织者、引导者、合作者，教师的每个动作都要引导学生去发现问题、解决问题。

其次，教师要注重培养学生的好奇心和兴趣。

好奇心是对新异事物进行探究的一种心理倾向，也是学生能够自主学习的动力。小学生的好奇心特别强烈，他们常常会提出一些奇奇怪怪的问题，为了寻求其中的答案，他们会自主地投入学习，因此教师对学生的回答或别出心裁的思考方法等学习活动要细心体察，耐心诱导，保护、培养学生的好奇心，学生学习的积极性和主动性也是学生自主学习的重要条件，启发和激励学生浓厚的兴趣，学生才能更自主地学习，变"要我学"为"我要学"。

第三，教师应让学生有适度进行实践活动的机会。

学生学习的实践性很强，但不要刻意追求面面俱到，要注意给学生提供适度实践活动的机会，没有实践活动就无法体现自主学习、合作学习，要让实践活动的每个环节人人有事做，人人有收获。或听、或看、或想、或动手，要让所有学生得到不同的发展。

第四，教师应注重培养学生的学习方法，让学生会学。

在教学中教师应注意教会学生怎样学的方法，培养他们自主学习的能力，把打开知识迷宫的钥匙交给他们，让他们学会学习，能够独立获取知识。"授人以渔"已经成为当今教学改革的主旋律，以教会学生会学习为目的的学法指导是全面打好学生素质的基础，是培养未来创造型人才的必要手段，也是减轻学生负担，培养自主学习，提高教学效率与教学质量的有效途径。

只有教给学生学习的能力，帮助他们树立正确的学生观，学生才能在未来的社会竞争中立于不败之地。

二、激发学生的学习兴趣

1. 兴趣简述

21世纪是知识经济时代，是科学技术突飞猛进的时代，知识已成为经济的新增长点和经济发展的强大动力，知识将代替权力和资本成为最重要的社会力量。知识的获得不仅取决于学习者的能力，更与其兴趣有密切的关系。教育家乌申斯基说："没有任何兴趣，被迫进行学习，会扼杀学生掌握知识的意向。"英国教育学家洛克说："把身体上与精神上的训练相互变成一种娱乐，说不定就是教育上的最大秘诀之一。"这里的娱乐强调的也是兴趣的重要性，正如孔子所说的"知之不如好知，好知不如乐知"。兴趣是进步的源动力。

教育事例一：

法国昆虫学家法布尔，从小就对昆虫产生了浓厚的兴趣。有一天夜里，他提着灯笼，蹲在田野里，观看蜈蚣怎样产卵，一连看了好几个小时，他感到周围越来越亮，抬头一看，原来太阳已经从东方升起；还有一次，法布尔爬到一棵树上，聚精会神地观看螳螂的活动，突然听到树下有人大喊"抓住他，抓住这个小偷"，他大吃一惊，原来人们竟把他当做了小偷！法布尔之所以对昆虫的观察研究如此入迷，正是因为他对昆虫研究产生了浓厚的兴趣，而恰恰是这种热情和兴趣促使他倾其一生于昆虫的研究事业，最终成为著名的昆虫学家。

教育事例二：

举世闻名的大发明家爱迪生小时候对什么都很感兴趣，对自己不了解的事情总想试一试，弄个明白。有一次他看见花园的篱笆边有一个野蜂窝，感到很奇怪，就用棍子去拨，想看个究竟，结果脸被野蜂蜇得肿了起来，可他还是不甘心，非要看清楚蜂窝的构造才行。

数学家欧几里得从小就对数学感兴趣；物理学家阿基米德从小就

对物理现象感兴趣；被英国剑桥大学教授李约瑟誉为"中国整部科学史中最卓越的人物"的古代科学家沈括从小就对天文、气象、历法、医药等方面有兴趣；天文学家张衡，他小时候很喜欢在院子里和爷爷一起看星空，他发现星星总是一闪一闪的，而且会形成一些像动物或其他东西的图形，他还发现不同的季节，可以看到不同的星空……他对这些现象都非常感兴趣，于是潜心研究，经过坚持不懈的努力和钻研，终于成为举世瞩目的天文学家，不仅为国家争得了荣誉，而且为整个天文学界作出了卓越的贡献。

教育事例三：

王老师讲高中物理"热辐射"时，首先向同学们讲述了一个真实有趣的故事。1903年，在南极探险的高斯号轮船被茫茫的冰封住了归路，挖、炸、锯等"武力"办法都用尽了，结果冰层仍巍然不动。在一筹莫展的情况下，船长突然想起以前读过的富兰克林的实验日记，于是让船员把煤灰和锅炉烟道中的黑烟灰铺在冰层上。阳光照来，冰竟奇迹般地融化了。老师问同学们，煤灰和烟灰为什么这么神奇，可以融化如此坚硬的冰山？究竟是什么原因使煤灰和烟灰产生这么强的热能？这里到底发生了怎样的反应？这种热能的真正来源是什么？它又是如何使冰山熔化的呢？这一系列的问题引起了同学们的兴趣，大家各抒己见，假设了种种可能性，有的运用已经学过的知识证明自己的观点，有的运用生活常识或课外知识推断、猜测。于是，王老师因势利导，引入"热辐射"这一主题，并结合这一实例和生活中其他大家熟悉的现象进行讲解，结果取得了非常理想的效果。

教育事例四：

小学生读古诗总感到乏味，所以张老师在讲小学语文《七步诗》时，先给学生讲了一个曹植和曹丕的故事：曹植非常聪明，哥哥曹丕嫉妒他，想杀害他，就说："我限你走七步做一首诗，做不出来就杀你的头。"学生问:"老师,曹植做出诗来了吗?"老师说:"做出来了,而且感动了他的大哥,不杀他了。"这时学生兴趣倍增,又急着问:"是什么诗啊?"老师就读道:"煮豆持作羹,漉豉以为汁。其在釜下燃,豆在釜中泣。本是同根生,相煎何太急?"接下来,同学们更是急着让老师解释这首诗究竟是什么意思,为什么曹丕听了,就被感动得决定不杀曹植了?当时是什么历史背景啊?为什么兄弟之间要互相残杀呢?后来又发生了什么事啊?这一系列的问题极大地激发了同学们的学习兴趣,每个人都急切地想知道问题的答案。于是,张老师很自然地引入对诗的讲解和相关内容的介绍,取得了非常好的教学效果。

教育事例三中的老师首先创设了一个故事情境,引发了学生的积极思考,取得了很好的教学效果。学生互相讨论,取长补短,不仅复习巩固了以前学过的知识,做到了知识的融会贯通,锻炼了表达和交往能力,使学生意识到知识的实际意义,而且更重要的是激发了学生对新知识的浓厚兴趣和学习热情,使学生对知识产生了一种渴求的心态;不仅全心投入到课堂学习当中,提高了教学效果,而且激发了学生对整个学科的热情;掌握的不仅仅是知识本身,而且树立了学以致用的意识,开阔了思路,实现了更高层次的教学目标。

教育事例四中的老师先用通俗易懂的语言讲了曹植和曹丕的故事,目的是为了创设一个相关的情境,激发学生的思考,使他们产生兴趣和需要,然后再进入课堂学习。这样一来,不仅帮助学生掌握了这首诗,理解了它的含义,了解了相关的历史背景,成功地完成了本节课的任务,更使学生领略了文字的魅力和意蕴,对古诗产生了浓厚的兴趣,激发了学生内心对语文知识的渴求,而这些远远比学会一首诗要有意义的多。

两位老师的教学都取得了很好的效果,这当然和很多因素有关,与传统的教学相比，两位教师对教学情境的创设无疑是很重要的原因。通过创设问题情境等方式，可以为学生提供动手和动脑的机会，使他们更深刻地理解知识的本质，积极地思考，有利于问题的解决，使学生体会成功的快乐，从而激发学习兴趣和求知欲，使其产生对知识的渴求，内化形成学习的内部动机，积极主动地投入学习，势必对学习产生很大的促进作用。

兴趣，是积极探究某种事物或进行某种活动的倾向。兴趣是最好的老师，兴趣是发挥学生主体作用，开发其创造潜能，使其乐于学习和探究的重要心理动因，是学生进行实际学习活动的必要诱因之一。只有学生对某一学科产生了兴趣，才会好知；有长久的兴趣，逐渐发自内心的喜欢，才会达到乐知，才可能全心投入，真正深入地学习，实现学进、学好、学透的目的。浓厚的兴趣可以使学生对学习充满热情，主动克服各种困难，心情愉快地进行学习，全力以赴实现自己的学习愿望，以学为乐，对学习产生渴望，自然会取得很好的学习效果。同时，学生会产生满足感，觉得书是他们的良师益友，自己从中受到了启迪，并由此产生欢快、惬意的心情，从而进一步激发了学习兴趣。相反，如果学生对学习不感兴趣，仅仅由于强制而求知，则味同嚼蜡，苦不堪言，势必收效甚微。所以，"兴趣是最好的老师"，也是人才成长的"起点"。

学习兴趣是学习积极性中很现实、很活跃的心理成分，它在学习活动中起着十分重要的作用。但是兴趣与很多心理特质一样，并不是天生的，而是在长期的教育影响与社会实践中不断发展起来的。从对某种事物有兴趣，逐渐发展到对它产生浓厚的乐趣，再进一步发展到志趣，决心终身从事该领域的探索与研究是一个漫长的过程。

青少年学生正处在学习知识的重要阶段，学习兴趣的培养与今后的成才有着密切的关系。只有真正对学习产生兴趣，实现外部动机的内化，才能真正实现"要我学"到"我要学"的转变，切身感受学习带来的乐趣，畅快地遨游在知识的殿堂，沐浴先人智慧的阳光，并不断贡献自己的智慧和才能，成为知识殿堂真正的主人。

2. 激发学生兴趣的方法

兴趣不完全是天生的，而是在后天的生活过程中逐渐形成和发展起来的。兴趣是以需要为基础的，虽然不是所有的需要都会产生兴趣，但是符合需要的事物，都可能引起兴趣。学生的学习兴趣正是基于对知识的需要而发生的。同时，兴趣又是通过实践活动而形成的。人在实践活动中，总是不断发现问题并不断解决问题，也就不断产生新的需要，因而兴趣就在实践过程中不断地扩大和丰富，并逐渐形成和发展起来。因此，学习兴趣总是在求知需要的基础上发生，并通过学习的实践活动逐步地形成和发展起来。所以，家长和教师应多为学生提供实际活动的机会，使他们多动手，勤动脑，积极思考，在实践活动中产生对知识的需要，从而积极主动地学习，真正对学习产生浓厚的兴趣。

那么，教师在教学实践的过程中该怎样激发学生的学习兴趣，使学生好知、乐知，成为自主学习、积极参与、勤于动脑、乐于探究的学习主体呢？

（1）创设情境

教育事例五：

某小学数学老师在教"两位数加、减一位数、整十数"这节数学课时，设计了一个"小小玩具店"的情境，老师呈现给孩子们他们特别喜欢的各式各样的小玩具，并标有价签。老师提示，你们看到这个情境都能提出哪些数学问题啊？由于贴近孩子生活实际，孩子们很兴奋，每个人都跃跃欲试。因为他们特别想知道"买一个芭比娃娃和一只小熊玩具一共多少钱"，他们还想知道"我已经有8元钱了，要想买一辆小汽车还差多少钱"等数学问题。孩子们通过情境发现了许多要问的问题，于是他们就把特别想知道的问题提出来，在老师的帮助下和小伙伴们共同解决问题。

这样一来，培养了学生提问题的习惯，同时使学生体会到用知识解决实际问题带来的快乐，不仅获得了学习上的满足，更极大地激发了学习兴趣。

教育事例六：

某高中物理老师在讲"惯性"这一课时，先提出了一个免费环球旅行的设想，大气球下吊一篮子，人坐在篮中，升至空中某处，由于地球日行（自转）八万里，悬在空中的人岂不可以领略世界各地风光吗？这个设想可以实现吗？问题一出，学生们就各持己见，激烈地讨论起来，学习热情高涨，都急于知道答案。此时，老师引入教学内容，结果取得了很好的教学效果。

俗话说："因疑而问，因问而开悟"，"学贵有疑，小疑则小进，大疑则大进"，质疑对学习有着不容忽视的作用。所以，教学中教师要为学生带着问题学习创造条件，问题创设应该在学生熟悉的现实情境中，特别是学生亲身经历的生活原型中，为他们营造质疑问题和思考的机会，激发学生的探究欲望，增强学生的学习兴趣，提高学习的积极性和主动性，使学生情不自禁地想问、想学。学生们通过参与，不仅能够提出同一层次的不同问题，还能提出不同层次的新问题。也许有的问题没有价值，但只要能提出来、参与了，就可以锻炼思维，而且会从其他同学的观点中得到启发。当然，提出问题就要解决问题，就会想知道问题的答案，所以在继续学习的过程中，学生就会自觉地、有意识地、全身心地投入到学习中，求新知，得规律。他们会更用心听，用脑记，对学习投入更大的热情，进而取得更大的进步。

教学事例七：

一位英语老师在讲授某一英语文章时，根据学生的兴趣和年龄特征，课前先让学生收集自己喜爱的球星、歌星和一些城市景点的相关资料。课上老师在黑板上贴了一幅世界地图，把学生分成若干组，每组4~6人，让他们在组内应用手中的资料交流，然后推荐两名同学到讲台前介绍自己喜爱的人物，介绍完后再将他们的照片贴在地图上相应的国家上面。在这一活动中，通过听、说、演、练等活动，把抽象的语言文字和有趣的实际生活应用联系起来，学生在完成任务的过程中体验到了用英语表达想法的成功感，实现了知识的交流功能，自然增强了学习英语的热情和兴趣。

教学事例八：

一位老师在教"长方形和正方形的认识"一课时，首先为学生提供了钉子板，皮筋和各种长方形纸，然后让大家通过动手操作来认识这两种图形。同学们有的把纸量一量，有的把纸折一折，还有的在钉子板上用皮筋围了一个长方形，再分别数一数四边所占的格数，大家用不同的方法得出了同一个结论，即长方形的对边相等。这样一来，学生在操作探究的过程中，不仅掌握了本节课的主要教学内容，而且在这一过程中掌握了可贵的发现学习的方法。这必然有益于学生对其他知识的自我探究，提高学习兴趣，同时，在学习方法上势必有新的认识和进步。

在语文教学中，如果为学生创设一定的情境，鼓励学生参与其中，同样会让课堂"活"起来，让学生"动"起来，为学生提供一个展示自我的机会。改变学生的被动地位，促使学生多动脑多动手，主动参与，有利于语言理解准确性的提高和创造思维的培养。例如，以人物语言描写为主要表现方法的课文，可采用分角色朗读的方式，让学生在"角色"中体会人物的心理、思想特征；以人物动作、语言为主要表现方法且情节简单的课文，如在教学《变色龙》时，就可以运用课本剧的形式，把课文中的情节在课堂上再现，让学生在表演中深刻体会课文表达的内容，把握文章的表现方法。这样，既加深了对课文的理解，又活跃了气氛，引起了学生极大的学习兴趣，使其乐学。此外，让学生参与教学的方式还有很多，如分角色朗读课文、即兴演讲、辩论，将疑难问题归纳统计后进行抢答比赛，以及课文精彩片段的背诵比赛等等，更多的教学方式有待于教育工作者的积极探索。"情动于中而形于外"，这样不仅有助于成功的完成本节课的教学任务，同时提高整体的语文素质，而且极大地激发学生的学习兴趣，收到意想不到的效果。

（3）开展课外活动，激发学习兴趣

课外活动是课堂教学的延伸，是重要的教学辅助手段，两者是互相结合、互相促进的。有目的、有组织地开展各种适合学生智力水平和原有知识基础以及年龄特点的课外活动，能够为学生创造一个自由、生动的学习环境，使学生生动、活泼、主动地学习，不仅有利于增长知识，开阔视野，更可以激发学习热情，调动学习积极性，培养学习兴趣。

①组织课外兴趣小组。例如，在趣味数学小组上，可以进行口算，应用题解答的专题训练，搞数学游戏，猜数学谜语，讲数学故事，办数学小报，开数学文艺会，组织学生制作数学学具，等等。开展这些活动，效果是十分显著的，既扩大了学生的知识面，培养了学生的竞争与合作的意识，锻炼了动手能力，又使学生对学习产生浓厚的兴趣。

②组织各种竞赛。组织学生开展各种形式的知识竞赛，不仅可以增加学生学习的积极性，开阔学生的视野，巩固和深化课本知识，还能提高学生分析、解决问题的能力和学习兴趣。如实验操作竞赛，实验设计，观察能力竞赛和小发明等都是很好的竞赛形式。

③指导家庭小实验。教师可以设计了许多家庭小实验，从操作的要求、安全方面等指导学生进行家庭小实验，可以使学生脱离教材的直接指导和对教师的完全依赖，增加独立完成实验的机会，既弥补了学生实验的不足，增加了动手、动脑的机会，加深了对知识的理解，又提高了观察能力、自学能力和学习兴趣。

④组织讲座，观看科技电视、电影，组织郊游等也不失为很好的课外活动的组织方式。

此外，教师给学生留的课后作业也不应全是习题，而应当多布置一些引发学生思考的和有助于理论与实际相联系的思考题，给学生一定的发挥空间和想象空间。例如，有位教师在讲"密度与浮力"一课时，就要求学生解释这样一些探究性的问题和现象，如"死海不死"、"曹冲称象"、"探测气球升空"、"盐水选种"、"驶进大海的轮船不下沉"、"饺子熟了会上浮"，等等，让学生通过探究，发表观点，进行讨论。这样不仅能培养思考、分析和解决问题的能力，也培养了学生的学习兴趣。

（4）家长应多为孩子提供动脑、动手的机会

家长应根据孩子模仿性强、爱动的特点，指导他们利用手边的工具，充分运用各种感官，自己观察，自己动手操作，从而体验一种自我成就感和乐趣。如让孩子自己制作简单的玩具，自己设计一种游戏等。他们对于自己动脑筋想出来，自己动手做出来的东西，有一种偏爱和特殊的兴趣，因而类似的活动有利于激发起他们强烈的好奇心和求知欲，从而逐渐培养起学习兴趣。

同时，在日常生活中应注意把孩子原有的兴趣与知识学习联系起来，让孩子多动手，学会在实际的操作中体会学习的乐趣，激发求知欲，从内心产生对知识的渴求。当然，活动的选择则要根据孩子的个体特点进行选择，而不要盲从。例如，有的孩子喜欢做游戏，家长就

可以通过各种游戏提高孩子的学习兴趣。如通过玩扑克训练孩子的口算能力，通过猜谜语教孩子认识、理解字词，还可以通过玩卡片的形式与孩子一起学习英语单词。再如，有的孩子喜欢听故事，家长就可以引导孩子把这个兴趣转移到学习上。例如，有一名学生，他从小就很喜欢听故事，整天缠着奶奶给他讲故事，奶奶一边给他讲故事，一边告诉他："书里有很多有趣的故事，你如果学会了认字，就可以自己看了。"渐渐地，这个孩子就产生了学习识字的强烈愿望，这时，奶奶就抓紧各种时机，利用多种方式教他认字，还让他讲故事给别人听并把自己对故事的感受以日记的形式写出来。随着理解能力和表达能力的提高，还让他把郊外参观、游玩和旅游的所见所闻写下来。渐渐地，他越来越喜欢学习语文，不仅兴趣提高了很多，而且语文的整体素养也有了很大的提升。所以家长应该多为孩子提供动手和动脑的机会，把知识的学习融入日常生活当中，激发孩子的学习兴趣，这样才能使孩子发自内心地喜欢上学习。

（5）走出校园，开阔眼界，提高学习兴趣

家长可以经常有意识地引导孩子到大自然中观察日月星辰、山川河流。如春天可带孩子去观察小树以及其他植物的生长情况，夏天带孩子去游泳、爬山，秋天带他们去观察树叶的变化，冬天又可引导他们去观察人们衣着的变化和雪花纷飞等景象。通过参加各种活动，孩子们不仅开阔了眼界，丰富了感性认识，体会到了大自然的奥妙，而且可以激发孩子探求知识的欲望，提高学习兴趣。家长最好还能指导他们参加一些实践，如让孩子自己收集各种种子，搞发芽的试验，栽盆花，也可饲养些小动物等。随着孩子年龄的增长，还可以启发他们把看到的、听到的画出来，并鼓励他们阅读有关图书，学会提出问题，学会到书中找答案。这样，孩子的兴趣范围广了，知识面扩大了，学习能力就在不知不觉中提高了，学习兴趣也会在不知不觉中激发出来了。

兴趣是孩子人生中最好的老师，因此，家长、教师必须重视培养孩子（学生）的学习兴趣。

三、提高学生的注意力

1. 注意力简述

教育事例一：

高中生赵卓最近一段时间一直无法安心学习，越是想学习的时候，越是无法集中注意力，头脑总是被一些莫名其妙的怪念头占据着，无法摆脱。有时候，脑子里又一片空白，上课老是走神，不知道老师都讲了些什么，这种情况已经严重影响了他的学习效率和学习成绩。

教育事例二：

孙强是小学三年级的学生，上课的时候总是听了一会儿，就不自觉地东瞧瞧，西看看，桌面上有什么东西都想玩，一支铅笔、一块橡皮都能让他玩上半堂课，等到被老师提醒而转过神来听课时，由于前面的没听到而跟不上，所以又去玩手边的东西。考试成绩自然不好，老师和家长都着急。他自己也知道上课应认真听讲，想改掉这个坏毛病，可一上课就不自觉地又神游了。

教育事例三：

对于已经上五年级的朱桐来说，学习一直是一件令他本人和父母都非常烦恼的事情，上课时常常走神，回家作业记不全，总要问同学；有时课文背了很多遍，自以为都会了，可是第二天一默写又是错误百出，弄得他越来越没有信心。从小学一年级开始，老师就说他跟不上，爸爸妈妈曾带他去医院作过各种检查，可医生说他一切正常。现在一提起上学，朱桐就有一种畏惧感，一方面想去学校，跟同学一起玩，学习知识；另一方面又怕老师罚他抄作业。为此，他很苦恼。

上述教育事例中这些孩子在学习中遇到的烦恼，都有一个共同点，那就是在学习过程中缺乏注意力，或者是注意力持续的时间较短，从而导致学习困难。因此，对这些学生进行辅导，教师就要从提高他们的注意力方面着手。

注意是心理活动对一定对象的指向和集中，是心理活动的重要组成部分。注意力是指人的心理活动指向和集中于某种事物的能力，注意力是人们在生活与实践活动中必须具备的一种重要心理品质。

任何实践活动都离不开注意力，如驾驶员开车要注意交通安全，工人生产要注意产品质量，农民种地要注意合理施肥，学生学习要注意掌握要点，等等。对于学生来说，必须具备良好的注意力，那么，什么是良好的注意力呢？良好的注意力应具备以下四个特征：

（1）较强的稳定性

注意力的稳定性是指善于把注意力长时间集中于某一对象上。例如，在教室里自习，有的同学对教室内外的无关响动置若罔闻，专心致志地学习，这就表现了良好的注意力；有的同学一听到窗外播放乐曲，就停下来，一面用手脚打着拍子，一面跟着哼唱，甚至一听到有什么脚步声，马上就抬起头来东张西望，这是注意力稳定性差的表现。

（2）较广的范围

良好的注意力，具有较广的范围，能同时集中到诸多的对象上。人们注意力的广度，是存在很大差异的。有的人一个晚上可以把一本厚厚的小说看完，而且记忆的内容比较完整，甚至能背诵或复述精彩的片段和警句；同样一本书，有的人则花很多时间才能看完，且记不住多少东西。

（3）善于分配注意力

注意力的分配，是指把注意力集中在主要对象的同时，在一定程度上集中到其他的对象上。例如，教师在上课时，一边讲课，还要一边看教案进行板书；学生在听课的同时，要不时地做笔记。注意力的分配是有条件的，在进行两种或多种活动时，其中有一种必须非常熟练，甚至达到自动化的程度，不需要多少意志控制就能进行。我们不可能叫刚识字的小学生在上课时做笔记，因为对他们来说写字都还相当困难。

（4）注意力的合理转移

注意力的转移，是指把注意力从一个对象转到另一个对象上。例如，上了英语课以后，接着上语文课，具有良好注意力的同学，就会主动迅速地把注意力转移到语文课上来；而有的同学则会发生不完全的转移，已经开始上语文课了，心里还想着英语老师布置的作业。

良好的注意力是学生学习和未来发展必须具备的品质，教师在提高学生注意力，提高学生学习效率之前，有必要了解一下学生课堂中注意的特点。

2. 课堂中学生注意的特点

通常，学生是没有必要将课堂上接收到的所有信息都记住的，也不太可能全部记住。所以，在学习课程内容的过程中，学生必须对所学内容进行选择。是否将能重要内容选做学习内容，是影响学生学业成绩好坏的关键。实际上，学生常常很难区分哪些是重要内容，哪些是不重要的内容；哪些是主要内容，哪些是细枝末节。这主要因为学生经常将注意力集中于具有下列特点的信息上。

（1）每课或每段的第一句话

许多学生都错误地认为每段的主要内容一定会在第一句话中找到。这主要是因为在写作教学中，学生经常会得到这样的指导：把主要观点放在开头。因此，他们总希望在别人的作品中一定能在开头找到主要内容。

（2）看起来与众不同的内容

定义或公式在课文中很显眼，是因为它们往往有这样的特点：用斜体或黑体字呈现，或同课文的其他内容是分开的。因而，学生经常会注意具有这种醒目特征的信息，却忽略了其他也许是很重要的信息。

（3）以多种方式呈现的内容

学生很容易将几种不同方式呈现的信息视为重要信息，学生尤其更容易注意那些教师用言语表述后又写到黑板上的信息。

（4）有趣的内容

所有学生都愿意注意那些有趣的内容，无趣的内容即使相对重要，学生们也经常忽略它们。

所以，若一个重要内容在一课或一段的中间出现，又没有明显的线索使其醒目，特别这些观点又不是学生感兴趣的内容时，它们就很容易被忽略。这时，教师就应选择适当的注意策略帮助学生了。

3．提高学生注意力的策略

注意策略是注意在学习过程中的运用，它帮助学习者针对具体的学习任务，对有意注意的分配进行调节和控制，主要功能是保证注意指向重要信息。

（1）提高学生对学习的兴趣

对学习发生兴趣是认知体验的一个重要组成部分。提高学生对学习的兴趣水平，特别是间接兴趣的水平，对提高或优化注意策略的水平，有着十分重要的作用。

如果学生对学习缺乏足够的兴趣，他们在学习的过程中就会出现注意力涣散的现象。为了使缺乏学习兴趣的学生提高学习兴趣的水平，教师应该在教学过程或辅导过程中有意识地进行提高学习兴趣的训练。

（2）加深学生对学习任务的理解

所谓加深对学习任务的理解，就是要让学生明确知道，在具体的学习活动中，自己究竟在"学什么"。加深对学习任务的理解的最有效的办法是将学习任务转化为问题，因为有问题就会有思考。要思考，则必须善于提问题并作出回答。在这里，"思考"一词就是寻找问题及其答案。没有问题，就没有思考，人的头脑就会处于昏昏欲睡的状态。

在实际教学中，教师可以采取让学生注意重要内容的注意策略，将每课的目标列成一个表，在黑板上写出关键概念和主要观点，提出一些将学生的注意引向重要内容的问题或指导学生自己提问。

例如，通过设计问题，引导学生注意。

以"雷达"内容的学习为例，在雷达材料的学习的过程中可以设计这样的问题：当你阅读这段材料后，你应该能回答下列问题吗？

①雷达以_ _ _速度传播。

②雷达意味着通过_ _ _对遥远的物体进行侦察和定位。

③雷达用_ _ _波。

④冬雷达以_ _ _线传播。

⑤最早的显示模型用于_ _ _年代。

这种问题设计，目的是从外部控制学习者的注意。这个策略的使用应该注意两个方面的问题：

一是问题的位置对学习效果的影响。

问题的位置，是指问题出现在阅读之前或出现在阅读之后。研究者假定，问题在前，将影响学生选择性知觉，是一种顺向影响；问题在后，将影响学生对已阅读过的材料的注意力，更多地重复阅读问题中提到的信息，是一种逆向影响。

二是问题的类型，不同类型的问题将会影响学生采用不同的加工策略。

以上事例表明教师可以采用外部手段来控制学生的注意力，并激发学生的学习兴趣。这种策略也可以教给学生，让他们自己学会提问，自己回答问题，从外部控制转为自我控制。

（3）尽可能使学习活动变得有意义

使活动有意义是十分重要的。要使学习活动变得有意义的方法有很多，这里介绍一个使预习活动变得有意义的例子。

教育事例四：

柳达·莎尔米娜是立陶宛共和国的一名中学生。她把预习活动和听课活动有机地联系起来。她认为，功课准备得越充分，听起课来就越容易，就越有趣味。同学们都说，必须好好听课，这样做作业会变得容易一些。而柳达·莎尔米娜明白了这样一个道理，听老师讲课和预习功课之间的联系不是简单的联系，而是相辅相成的。所以，她认为预习活动是一件十分有意义的事情。

（4）通过一些专项的训练提高学生的注意力

这种方式更适合小学生，学生也可以通过这些方式自己对自己进行训练。

①注意广度测验

找一些大小相同的玻璃球放在桌子上，然后用盖子把破璃球盖上，不让对方看见。这时，告诉学生要注意桌上破璃球的数量，然后教师在很短的时间内出示一些玻璃球。让学生说出这些破璃球的数目，并记录学生的回答，看他能说对几次。

也可以让学生用5秒钟看一些东西，如书桌上的东西、橱窗内的东西，然后闭上眼睛说出这些东西的名称，越具体越好。

②注意集中训练

教师依次念一些事物名称（小猫、白菜、黄瓜、苹果、长颈鹿、西红柿、黄鱼、松树、蜻蜓），让学生听到动物名称拍一下手，听到植物名称拍两下手，提高学生的注意力。

③注意稳定性训练

比如，听觉训练：请学生找一个闹钟，听它的滴答声，并伴随着闹钟的声音,在心中默念"滴答、滴答、滴答……"第1次念10个,第2次念15个,第3次念20个,第4次念20个以上,每天做8次,这样做5~6天就行了。

比如,视觉想象训练:首先在大脑中想象一个点,在这一瞬间除了这个点外什么也不想,然后延长这一点使点变成直线,然后再在大脑中描绘成旋涡状等简单图形。这样每隔一天,让图形复杂些,并用心多描绘几次,连续做10天。

提高学生注意力的方法还有许多,家长、教师可以继续探索。总之,注意力是影响学生学习效率的重要因素,提高学生的注意力,对他们的成长与发展意义重大。

四、正确应对考试结果

1. 考试应对方式简述

教学事例一:

高考失败=大事倒霉?

胡仲男是区重点中学毕业生,平时成绩中等偏上,结果在高考中失利,分数没有达到本科的录取线,他又不愿意去大专,听到分数那天就把自己关在房间,谁进门都不理睬,一直看碟片,一张又一张没完没了。父母喊吃饭也不听,胃口很差,情绪低落,哭丧着脸的那副样子让父母很心疼。别人劝他正视失败,好好学习重考一年,他却说:"这不是我应该考出的成绩,我是扫帚星,一遇到大事总是倒霉,再学一年又有什么用呢?"

教育事例二:

考得不好,有家难归

李琳同学是名活泼可爱的初中女生,可是她最怕的就是考试。每次考得不好,回家就会被父母责骂,父亲恨铁不成钢,母亲哭红了眼睛，都是因为她的成绩。

"其实我也明白父母的苦心，"她这样说，"我真不想惹他们不高兴，可是……其实我最喜欢的是画画，可是为了考试我都很久没有拿过画笔了。但是成绩总是不理想，每次考试结束，发表成绩的时候我都不想回家，回家又要看到他们失望的眼神。我倒宁可他们打我两下，这样我心里还好受些。那些时候，我只有在街上走啊走啊，走啊走啊，到天黑了，也不知道该去哪里才好……"

教育事例三：

失败，引发自闭

张羽是一名市重点初中的优秀学生，目标是重点高中——名牌大学——出国留学，可是在一次全市模拟考试中，他的分数在班里只排到了第三名。

听到分数那天开始，他就整晚睡不着，不肯去上学，白天就躺在床上，两眼望着天花板。同学来了也不肯见，父母进来与他没说上几句话就显得很不耐烦，总是为一点小事大发脾气，几天下来人就瘦了一圈，把家里人急坏了，只好请老师来家访。

"我是一定要进重点高中的，我是一定要得第一的。"在谈话中，他老是重复着这两句话。老师劝他，"你的成绩已经可以进市重点高中了，再说这不过是一次模拟考试。"小张瞪了眼睛，"我从小就是第一，老师，我一定要以我们校第一的成绩进重点高中，我怎么能输给别人呢？"

"家有考生，提心吊胆！"一位女儿刚参加过高考的妈妈这样描述自己的心情。这些天，她的女儿有点"恍恍惚惚"，"在家里经常嘴里嘟囔着，一会儿说自己发挥得不错，一会又说自己错了不少题目，心情随之时好时坏。这种出现在不少考生身上的症状，家长们称为"考后恍惚症"。

近些年来，考试压力渐渐成为学生们苦恼的中心。考试前害怕，考试中紧张，考试后痛苦，有人戏称这是学生考试三部曲。考试压力的来源是方方面面的，既有社会原因，也有家庭原因和个人原因。前面两点是大环境下的大问题，本章要谈的主要是最后一点，也就是具体到每名学生身上的问题。每年在重要的考试中失利的学生很多，面对考试结果，不同的学生的表现也不同。有的学生会像胡仲男同学那样怨天尤人，有的学生会像李琳同学那样逃避问题，有的学生会像张羽那样固执过度，也有的学生会选择正视考试结果，积极思考自己的失利原因，从而在失败中得到收获。这其中的差异究竟在哪里呢？这就是本章我们要介绍的内容。

人们面对问题的反应称为应对。具体地说，应对是个体面临刺激情境时为减少压力或伤害而作出的认知或行为努力，是对情境变量、时间因素以及从影响适应结果的一系列事件中得来反馈的反应。应对方式是随情境变化的，但应对方式在一段时间和各种压力情景中具有持续性和稳定性。在面临应激情景时，每个个体都倾向于选择一定的、相对稳定的应对方式来处理超出自己能力之外的现实情况。因此，个体的应对方式是个体的稳定因素与情景因素交互作用的结果。个体为处理应激性事件，缓解或消除压力，都会选择并使用某种应对方式，但是由于个体选用的应对方式不同，对其心理的健康发展会产生不同的影响。

应对方式可以改变压力情境或个体对压力情境的反应，也可以在压力情境中，努力地调整自己的态度、情感和反应，从而消除或减轻心理压力或紧张。成功的应对方式可以使人有效而积极地面对心理压力，帮助个体重新恢复自己生理和心理的平衡，维护个体的心理健康；不成功的应对方式则会使人继续停留在充满压力的状态，消耗着个体的潜在能量，甚至产生心理疾病。所以，相同的问题由于不同的应对方式，可以导致个体心理向不同方向发展。

应对主要有两种机能：用来处理问题（即"注重问题的应对"）和用来减轻情绪痛苦（即"注重情绪的应对"）。目前，关于应对方式的分类有两种：一种是按应对的功能分，另一种是按应对的效果分。按功能分类，分为两大类，包括处理应对方式和回避应对方式。其中处理应对方式又分为行为处理应对和认知处理应对。按应对的效果分为六个条目：问题解决、求助、逃避、发泄、幻想和忍耐。

2. 影响学生应对方式的因素

那么，有哪些因素影响着中小学生的应对方式呢？

（1）性别

应对方式存在着性别的差异。中学生在对待生活压力时常使用发泄、幻想和忍耐三种应对方式。一般来说，女生比男生更多地使用发泄和忍耐两种应对方式，男生则比女生更多地使用幻想来应对生活压力。

（2）年龄或年级

青春后期的青少年比前期和中期的青少年较多地使用回避应对方式。高中生相对于初中生生活经验比较丰富，对事物的认知能力提高了，因而比初中生认识到更多的不良后果，感受到的压力比较大。而且就我国的教育体制和社会情况而言，高中生面临的压力的确比初中生面临的压力大得多，学习负担更重，竞争更激烈。高中生不成熟的应对方式对暂时缓解压力比较有效，使用的比例就比较高。所以，高中生需要关怀的程度更为迫切。

（3）刺激强度

个体感受到的刺激的大小对其采取的应对方式有一定影响，如果个体感受到的刺激非常大，有可能采取消极的应对方式。这也许可以从一个方面解释为什么高中生比初中生更成熟，却没有表现出比初中生更成熟的应对方式。高中生面临的压力过大，超出了他们的应对能力，只好采取消极的应对方式暂时缓解冲突和压力。

（4）人格特点

由于学生自我概念不明确，所以，他们的应对方式往往是消极的。自我概念越明确、越积极越有可能以问题解决、求助等积极的方式应对生活中遇到的挫折和烦恼。事实上，自我概念的不同维度对问题解决应对方式的影响存在性别差异，男生的学业自我概念对问题解决应对方式有直接影响，女生的人际自我概念对问题解决应对方式有直接影响。

在生活压力不可避免的情况下，人们如何应对各种事件，就决定了他们的适应的结果是积极的还是消极的。事实上，应对方式的选择和使用与某些心理症状的形成存在内在的联系。比如，抑郁症状伴有高水平的被动、回避应对。敏感、强迫等人格因素常常使用消极应对方式。越焦虑的人越容易使用消极的、被动的、回避的应对方式。

另外，应对方式与学生个体的心理健康是相互影响的。比如，时常使用问题解决的应对方式就有助于个体心理的健康发展。当学生面临困难与烦恼时，认知和行为上越积极主动，就越有助于减轻或消除压力或紧张，从而降低学习焦虑。问题解决的应对方式由于能从根本上解决问题，使个体在解决问题的过程中既能获得解决问题的技能，又增强了自我效能感、自信心，进而令个体处于良性循环之中，促进心理的健康发展。发泄、幻想、忍耐虽然不能从根本上解决问题，但是它们能暂时消除或缓解焦虑和其他症状，相对于积极应对方式来说，它们更简单、更容易做到，所以个体更易于采取这些方式。当学生一味的压抑自己的心理情绪时，个体就陷入了恶性循环中不能自拔，因为不良的心理情绪总会爆发出来的，到时会严重影响个体心理的健康发展。

在我国，教育体制造成的升学压力、社会环境带来的竞争压力，使得学生常常面对巨大的压力情境。他们要面对来自生理、心理和环境的重大变化，承受更多的学业、人际关系等方面的压力，这就很容易产生各种适应问题。在这种状态下，一般学生能控制和改变的只有自己的应对方式。

作为教师，应该认识到对学生进行应对方式的辅导的必要性。个体的应对能力并非天生就有的，它的产生和发展是随着个体发展而进展的。个体应对策略的使用有效与否会影响个体的应对效能水平，个体的应对效能水平又决定个体所采用的应对努力、应对方式的类型，如此形成一定的循环。如果个体在应对和应对效能之间形成良性循环，无疑有助于个体有效地应对刺激事件，从而减少不良刺激带来的伤害。反之，则会加重不良刺激对个体的危害，不利于个体保持良好的心理健康水平。这种循环的形成，是在后天的环境与个体的相互作用中逐渐形成的。在这个过程中教育则发挥着重要的作用。适当地引导和教育可以帮助个体促进其应对与应对效能之间的循环向良性发展。通过对学生进行规范的应对技能训练，促使青少年使用积极有效的应对方式，就可以提高他们的应对技能水平，帮助他们更好地学会适应。

3. 教师引导学生正确应对考试结果的策略

在日常生活中我们每个人都会遇到困难和挫折，只是每个人解决问题的方法会有所不同。不是所有的学生都有应对方面的困难，所以教师在引导学生之前有必要了解一下学生的应对方式是什么样的。

下面是一份关于学生应对方式的调查问卷，里面列举了他们在遇到困难和挫折时通常采用的一些做法。请学生思考当自己遇到困难和挫折时会怎么做，并且根据自己的情况，选出最符合的答案。

当我遇到困难和挫折时：

①告诉自己"我能解决这个问题"；

②幻想自已可以用超人的本领去克服困难；

③向有经验的人或有类似经历的人请教；

④看电视或睡觉；

⑤试着换一个角度看问题，从挫折中我看到了积极的一面；

⑥爱做一些不切实际的幻想来消除烦恼；

⑦向同学、朋友或家人寻求帮助以克服困难；

⑧从事一些游戏活动；

⑨努力改变现状，使事情向好的一面发展；

⑩常希望一觉醒来问题已经解决了；

⑪向好朋友或信任的人诉说心中的烦恼；

⑫自己能力有限，一些不愉快的事情只能忍耐；

⑬我认为从困难的经历中能学到一些有益的东西；

⑭换一种环境，把让我苦恼的事情抛在脑后；

⑮想从家人、亲戚或朋友那里得到感情上的支持；

⑯读自己喜欢的书或看报看杂志；

⑰认真思考"怎样才能更好地解决问题"；

⑱幻想一切事情都会解决好；

⑲与同学、朋友或家人一起讨论解决问题的办法；

⑳责备自己；

㉑把困难、挫折看做人生经历的一部分；

㉒尽量回避那些让自己烦恼的人或事；

㉓把自己对问题的感受告诉别人；

㉔从事自己喜欢的业余爱好；

㉕努力寻找解决问题的办法；

㉖尽量不想那些让自己烦恼的事情；

㉗和真正理解自己的人谈自己的感受；

㉘自卑自怜；

㉙制定解决问题的计划，并一步一步执行；

㉚装做忘了自己烦心的事；

㉛参加体育活动；

㉜从过去的失败中吸取教训来解决面前的困难；

㉝不停地抱怨自己没用；

㉞常常不肯相信那些对自己不利的事；

㉟试图理清事情发生的根本原因。

这份问卷并没有什么统一答案，但是通过学生的答案，教师可以结合实际，确定学生是否出现的消极应对方式。

对于学生来说，最常见的应对就是考试应对。考试是学生学习生涯中必须经历的关口。家长、教师应该认识到，考后的心理状态不仅影响他们生活和学习的积极性，而且影响他们今后的考试状态，如果学生频繁而持久地处于扫兴、生气、苦闷和悲哀之中，势必给他们的心理造成一定的压力，直接影响学生的健康成长。因此，注意考后的心理调适和考后应对显得尤为重要。下面是一些引导学生正确应对考试结果的策略：

（1）引导学生正确对待外界的压力

许多学生在考试后，尤其是一些大型考试后，会面临外界多方面的压力，这些压力主要来自于父母、教师、同学、亲戚朋友等等，尤其是许多父母望子成龙、望女成凤，再加上社会上成年人之间会拿孩子的成绩进行比较，因此父母对子女的期望值普遍较高。作为教师，要指导学生正确对待家长的期望。当没有达到他们的期望值时，可以先分析一下自己是否刻苦努力了，是否尽自己的全力了。如果已竭尽全力但仍没达到父母的要求，就不必再过多地责备自己，不妨这样思考：只要我尽力了，我的心里就是坦然的。同时，要让学生学会和家长沟通，以取得家长的理解与支持。

（2）与学生一起，及时地做好考试总结

一场考试结束后，教师应该及时对这次考试情况进行实事求是地分析、总结。帮助学生查找成功的经验和失败的教训，指导学生对各科试卷进行认真的分析与思考。对答得好的题目，写出自己是如何理解运用所学知识的（如计算法则步骤、审题的思路等）。答错了，要找出原因，错在那里，为什么错，有利于今后改正。然后制定出下一步奋斗的方向和目标，减少外界的干扰，降低学生的心理压力，让他们近早轻装上阵，迎接下一次挑战。

（3）引导学生学会任务卷入，避免自我卷入

任务卷入可以使学生专注于学习任务本身，通过对学习活动的积极参与来发展自己的能力，产生积极的学习态度；而自我卷入会导致学生专注于学习结果，通过对学习结果的评价来判断自己的能力高低，往往对学生产生消极影响。多鼓励，少批评，对大多数进步比较大和学习领先的学生，要适时给予鼓励和表扬，以他们积极向上的精神去影响成绩并不理想的学生，带动大家一起进步，减轻考试的负面影响。

另外，要帮助学生分析自己存在的不足，找出差距，而不能用简单的批评应对考试结果，要多给他们奋进的勇气。教师要指导学生多做一些自己平时做得最好的事情，做一些相对较容易的作业，使学生找回自信。指导学生不要放弃对成功的追求和期待成功的努力，因为任何成功都能增强自己的自信。

（4）与学生一起开展有益的活动，引导其积极应对考试挫折

考试后，适当放松一下学生紧张的心态，开展一些有益的活动，对缓解学生紧张的心理有一定的辅助作用。同时通过以考试为主题的班会活动，既让学生树立正确的考试观，又可以使学生对考试的紧张心态得以宣泄，转移他们的注意。

挫折会使人的心理发生一系列变化，能磨练一个人的意志，提高其解决问题的能力，也能造成一个人心理上的伤痕，导致行为上的缺陷。挫折对一个人最大的影响可能在于人遭受挫折之后，往往会产生一定的压力，并伴随着紧张、焦虑等复杂的情绪反应，这些会影响目前的行为，特别是对处于重大考试前的学生影响更大。但挫折感主要是一种主观感受，当然对压力的感知和承受也主要是主观感受。与挫折感有关的压力可能与期望程度和努力程度有关系，如果一直很努力，估计自己这次能考好却遭受了挫折，就会导致较大的压力；一个人是否体验到由挫折带来的压力，与他的抱负水平密切相关，即与他对实现自己要达到的目标所规定的标准密切相关。标准越高，越容易产生挫折，但压力相对较小；如果标准低，产生了挫折，压力相对就更大。

一般而言，人经受考试的挫折后会产生紧张不安的情绪状态，长期下去对身心不利，因此，应采取某些心理行为反应以减少考试挫折引起的紧张和不安。如自圆其说来原谅和掩饰自己的失败；或以未失败作辩解，以达到自我安慰、解除紧张和不安；自己没有很好复习，把责任推给教师或家长，以减轻自己的内疚和焦虑；努力压制自己的情绪，作出违背自己意愿和情绪的行为，作出很不在乎的样子，更不认真准备考试；不敢面对自己的考试结果，逃避到较安全的地方，如网络、自己想象的世界等。这些看似没有压力的表现实质上表明自己处于挫折后的压力之中。

面对挫折，有的人可能采用消极的态度和方法，企图回避矛盾以摆脱困境。如攻击构成考试挫折的事物或把考试挫折后的愤怒情绪转嫁到自己身上。一般来说，自尊心强、才能高、受到挫折大的人，易于将愤怒情绪直接发泄到遭受挫折的事物上，而缺乏自信、内向、自卑或悲观的人，容易把挫折后的愤怒情绪指向自己。但也有人可能用积极的态度和方法，设法解决矛盾和冲突。那些能积极应对考试挫折的人，能更好地缓解自己的压力。

(5) 与家长及时沟通

考试结束后，要同家长进行沟通。这种沟通不是告状，而是同家长共同分析考试中的得与失。学生如果没考好，一般会有表情阴郁和少言寡语的表现，教师应该建议家长和学生诚恳地深谈一次。一方面可以了解他们的真实想法，另一方面可以告诉他们，父母看到你已经付出的努力了。最忌讳的就是家长因为期望值过高，反过来指责学生，这样容易造成他们的逆反心理。

总之，教师同家长要搞好配合，一起调整好学生的情绪，要让学生始终坚信：阳光总在风雨后。

第三节 做学生交往心理的调节者

一、异性交往

1. 正视异性交往

教育事例一：

高一女生张雪平时学习成绩好，又关心集体，和同学们融洽相处，是个聪明温柔、招人喜欢的女孩子。第二学期末，一次篮球比赛中，同班的男生韩风被撞摔倒，腿部擦破。张雪等几名女生送他去医务室上药，小雪又到教室帮韩风拿书包并陪他回家。一路上，他们从比赛谈到流行歌曲，又谈学习，谈班里的事，最后谈到自己将来的打算。他们感到非常偷快，一种从未尝过经验的热流在心中冲撞，分手时竟有些舍不得。

他们成了最亲密的伙伴，上学一块儿来，放学一块儿走。韩风练球时，张雪总静静地在一旁看，中午，张雪常常帮韩风把饭买回来。时间长了，同学们说："张雪和韩风好上了。"也有人和他们开起玩笑，他们似乎并不介意，张雪只是撇撇嘴："庸俗！"

高中二年级第一次期中考试，张雪的成绩下降了许多，出现了两门不及格情况。在家长会上，老师和她妈妈交换了意见。张雪是个独生女，在家一直很听话，又能自觉学习，一直是爸妈的"乖乖女"。几个月来，父母发现有个男生经常和她通电话，有时谈得时间挺长。父母提醒她要正确处理和男生的交往，她总是不以为然地说："别神经质了，我们是一般朋友。"张雪妈妈忧心忡忡，怕张雪的学习受到影响，更怕她真的发生早恋。

老师和妈妈一起找张雪谈话。给她谈早恋的危害，告诉她中学生过早谈恋爱分散精力，影响学习，时间长了还难免波折，给双方带来痛苦，希望他们能结束现在过于密切的交往，集中精力学习。家长会后，张雪不再和韩风一起回家了，但两人变得抑郁而沉默。韩风总是在操场上一个人打球到很晚；而张雪也很少和同学们一起谈笑，见到老师不是别过脸去就是躲开。见此情形，老师深感不安，再和他们谈话，总感觉抵触情绪很大。

步入初中的学生早恋的现象很多，在这一时期学生对异性有好感是很正常的事情。中学生正处于心理发育最迅猛时期，正值心理断乳期，他们开始对异性产生兴趣，他们既要表现自己，引起别人的注意，又缺乏自控能力。而且由于青春期的来临，在心理上渴望独立自主，一旦摆脱家庭的束缚，则会促使他们在恋爱问题上跃跃欲试。此时他们对外界刺激特别敏感，分辨力差。

中学生这种向往和爱慕异性的比较特殊的感受或体验，在心理学上称之为性意识的萌发。这种萌发是随着学生性机能的成熟，第二性征的出现，并在社会环境因素的影响下产生的。事实上，学生对于异性的交往是经历了疏远期而逐渐发展至爱慕期的。初中时，孕育于疏远期的与异性接近的愿望会逐渐明朗化，并以对性问题的关心、与异性交往的渴望、与异性实际接触的需求及性冲动的形势表现出来。此时的少年不但被年龄相仿的异性所吸引，还会对身心发育相当成熟的年长异性产生好感，这些都是正常的。

异性交往并非有百害而无一利。一方面，异性交往，是培养正确的性别角色和健康性心理的必修课，也是青少年认识异性、学会与异性交往直至最终找到理想伴侣的一个学习过程。另一方面，它会促使青少年学会尊重和爱护异性，明确自己对异性的责任和义务，从而有利于学生摆脱以自我为中心的心理倾向。而且青少年情感丰富，情绪容易起伏波动，在与异性的交往中，他们会注重自我形象、有强烈的自我表现欲望，这有利于激发他们积极向上的劲头。

如同我们不能因为可能发生车祸而不坐汽车上路一样，作为家长和老师，不能因为学生可能会出现"早恋现象"而总向孩子灌输异性交往的"害处"。家长和老师要公正地承认异性交往的益处和"异性间互补"的不可替代性，这样才具备与孩子谈论异性交往问题的前提，也才谈得上对孩子进行引导。

2. 对待异性交往的原则

异性之间的交往中，那些因为情感问题影响了学习的孩子，可能有其他方面的收获，只是这种收获不被家长、教师认可，很多家长和老师往往只关心孩子的学习问题，对其他问题都视而不见。

我们常常高呼理解学生，做学生的知心朋友。其实理解孩子并不意味着对孩子的恋爱持赞成态度，但当你试图去理解孩子的时候，你对他们的情感问题是尊重的，而这种尊重的态度会有利于与孩子的沟通，有利于问题的解决。

处于青春期的学生对异性产生好感是个体正常的需要。如果没有这种心理需要，反而要打个问号了。而且异性交往并非必然陷入恋情，更可能是同学、师生、朋友、合作伙伴等多种人际关系。教导学生学会与异性和睦相处，是对未来婚姻家庭的准备，也是对未来事业发展和社会人际关系适应的必要准备。把握好这中间的尺度，使学生顺利度过青春期的困扰才是这一时期教育的根本任务。

那么，家长、教师该怎样对待学生的异性交往呢？可以借鉴以下几个原则：

（1）理解和尊重原则

教师要学会理解。班里的学生有了早恋倾向，不应该大惊小怪，动不动就要请家长过来，要懂得学生身心发展的规律，平静对待。教师应控制感情，切不要指责和辱骂，关键是不可激怒学生，使其产生逆反心理。处于人格形成过程中的学生格外需要正向情感，父母和老师应该和风细雨地帮助其调整心态，使他们轻松愉快地度过青春期。教师要舍身处地的从学生的角度去看待他们的各种言行和情感。

教师要学会尊重。教师要尊重学生的人格、情感和隐私。要允许和鼓励孩子与异性的正常交往，尊重他们的隐私，不要私拆他们的信件及偷看他们的日记。要加强沟通，经常与他们交心，做孩子值得信赖的朋友。对于学生中出现的爱情方面的种种问题，切忌不问情由地一味指责，也不能动辄训斥谩骂、吓唬威胁。对学生的早恋问题，要尽可能为其保密。

（2）教育原则

当中学生出现早恋迹象时，当孩子做错事时，教师应该以一颗宽容的心去教育他们，帮助他们，不能采取粗暴干涉的方法，而应用亲近、理解的态度与学生耐心交谈，引导他们迷途知返，重新走上成功、幸福的人生道路。班主任做工作时，男女生应该区别对待。一般来说女生的心理更复杂，更为敏感，需要细心引导；而男生则更需要教师能够像朋友一样打开心扉，以诚相待，以心相交。

（3）持久性原则

正所谓"斩不断，理还乱"，情感的东西不能说断就断，特别是中学生，情感成分多，理智成分少，自控能力差，有的学生明知道中学生不能谈恋爱但无法控制自己；有的学生经教育后很想与对方分开却总忍不住偷偷去想对方；有的学生在分手后因为感觉空虚、无聊又会重新开始……所以，处理早恋问题不能一蹴而就，而要经过持久地、细心地做工作才能达到教育的效果。但也不要把学生的早恋问题天天挂在嘴边，引起学生的反感。

（4）丰富班级文化生活

要以丰富多彩的生活充实班级，吸引学生的注意力，让他们在班中得到精神生活的满足，感到温馨充实；要有针对性地传授科学知识，指导学生正常交往，帮助他们控制情感，培育高尚情操，引导其正确地处理好自身的早恋问题。

因此，可从如下几个方面入手去处理：

（1）引导学生清楚地认识到早恋的危害，用理智来战胜这不成熟的感情；

（2）注意心理卫生，不看不适宜的报刊、影视节目，把精力投入到学习中去，多看一些伟人的传记，培养自己的意志力，树立远大的奋斗目标；

（3）还可以与家长、社会配合，多搞一些适合中学生的活动，提高中学生的鉴赏能力。

同时，教师要对早恋分手后的两名学生进行正确的思想教育，要告诉他们：每一个步入青春期的少男少女，随着生理的逐步成熟，会开始关注异性同学，并希望了解他们，与他们交往，这是一种正常的心理现象，这不是一件丢人和见不得人的事，这与道德品质无多大关系。教育他们，应该建立正常的友谊关系，互相帮助，共同进步。

正确对待中学生的早恋方法有很多，主要还是要适时、适度地对待这个问题，其关键在于尊重学生，理解学生，用自己真诚的心去爱学生，关心学生，相信学生，教育学生建立正常的友谊关系。教师在学生早恋分手后要教育他们建立正常的友谊关系，这样才能真正处理好中学生的早恋问题及学生的友谊关系。

二、亲子关系

1. 亲子关系现状

教育事例一：

高中生李爽这样描述他与父母的关系：

"现在，我跟父母的关系特不好，我觉得跟他们没什么好说的。他们根本就没把我当成一个独立的人，只把我当做一个小孩儿，想怎样，就怎样，不顾及我的感受。一次，他们答应我，如果我能考入班级前20名，就给我买一台电脑。我那次特别争气，居然考进了前20名。那回我特高兴，以为他们能给我买，可是他们却没有，说什么买了可能会影响我的学习成绩，以前答应我是为了激发我的学习动力，还说什么让我继续努力，保持下去。这简直就是欺骗，我哪能受得了这个。爸爸妈妈太不守信用了，太令我失望了，我心里难受了好久。后来，我干脆就不太听他们的了，自己想学就学点，不想学就不学。于是他们整天地在我的耳朵边唠唠叨叨，说成绩怎么下降了、要努力什么的。我一听就烦得不得了！他们还好意思说？看到他们着急的样子，我有时觉得还挺解气的！"

而李爽的父母这样描述与儿子的关系：

"现在的孩子怎么了，我们每天辛辛苦苦地工作，都是为了孩子，可他们就是不听话，甚至跟我们吵。太混了，太无情了！我们都不知道该怎么办了。我们的心里难受极了。我们说的话他根本就不听，我们告诉他，不会的要问老师，他不问，老师还把我们找去了，问孩子最近上课怎么迷迷糊糊的，成绩还下降了，还跟老师顶嘴。回家我们问他怎么回事，他居然质问我们为什么不守信用。在那之后，我们说什么，他都不乐意听。以他现在的成绩和对我们的态度，我们更不敢买电脑给他了，要是买了，他不听话，成天打游戏怎么办？那样，他就完了！"

家庭是社会的基本细胞，是孩子成长的摇篮。父母是孩子的第一任教师，是影响儿童早期成长的最重要的人物。在少年期以前，对孩子来说，父母的形象至高无上的，他们对父母既尊重又信任。当他们在生活中遭受困难或痛苦时，自然地会求助于父母，父母是他们的精神支柱。但从中学开始，这种关系开始发生变化。在情感上，他们与父母不如以前亲密了，不再像儿时那样与父母无话不谈，甚至开始挑剔父母，力图摆脱对父母的依赖，获得真正的自我。中学生要求在心理上摆脱父母的控制的现象我们称之为"心理断乳"。

中学生在试图摆脱对父母的依赖时会伴随着一系列的表现。首先，他们常常要找到一个可以重新寄托感情的对象。这些对象可能是某个英雄人物，或被社会赞许的理想人物，也可能是某个老师或大朋友。他们还要将一部分感情寄托在同龄伙伴的身上，他们要在同龄人中找到对自己的认同。其次，在行为上他们开始反对父母对他们的干涉和控制。由于这个时期自我意识发生的突变，使少年要求独立的愿望十分强烈，并表现出自我教育的要求和调节支配自己行为方面的独立性和自觉性。第三，在思想上他们对于以前一直信任的父母的许多观点都要重新审视，而审视的结果往往与父母的观点不一致。由于中学生此时的抽象逻辑思维以及思维的独立性、批判性迅速发展，因此他们对任何事情都喜欢自己进行分析和判断，不愿接受现成的观念和规范，表现出在观念上与父母的隔离。同时，随着中学生生活范围的扩大，与其他成人的接触交流也会使他们逐渐发现存在于父母身上的缺点。正是从前习惯于相信父母总是正确的这一过分理想化的看法，使今天父母的缺点更为突出，从而使父母的榜样作用削弱。

虽然中学生与父母的关系发生了变化，但父母的影响在许多基本问题上仍是最重要的。随着心理断乳期的到来，小时候亲子之间平静的、顺从的关系被打破了，少年与父母间的矛盾明显地表现了出来。这个矛盾的产生一般是来自双方的"努力"。主要表现在三个方面：

一方面，从父母的角度来看，他们往往不能随孩子年龄的增大而改变对孩子的态度，仍以儿童期的方法来对待孩子，使得子女对父母的这些"幼稚"的处罚和约束深感不满。还有些家长望子成龙，却不对孩子予以指导和帮助，过分放纵孩子，在这样的家庭中，孩子会由于不知道父母的期望感到无所适从，而变得惹是生非。这些都会加剧青少年的反抗心理，从而使得他们变得爱挑衅、更叛逆。

另一方面，从青少年的角度来看，他们希望摆脱父母而独立，却又认识到自己实际上是依赖父母的。他们常在这两者之间进行斗争，在独立与依赖、反抗与自责、爱与恨、希望与恐惧之间波动。在这期间他们会变得任性、乖戾、自私，对父母冷漠，处处与父母对着干。生理成熟和心理成熟的"异时性"，青少年自我意识觉醒而带来的"成人感"和对成人社会地位的追求难以得到满足,导致青少年极为敏感的自尊心受挫。青少年的许多追求与其说是对父母的反抗,不如说是对其儿童期"自我"以及自己身上过于浓重的父母的影响的反抗。

第三方面,矛盾还来自于两代人的"隔阂"。社会历史发展的速度越快,各代人之间的差异也就越大。在思想方面,老一代比较稳重也比较保守,年轻一代思想开放也容易偏激;在行为方式上,上一代人喜欢原有的行为方式,处事谨慎冷静,恪守准则,下一代人则喜欢冒险,行为变化快,讲求效率,不拘泥于传统模式;在消费休闲、艺术欣赏等方面,两代人的差距尤其明显,这不仅是由于文化领域的更新速度极快,而且也由于消费、休闲、欣赏都是与年龄联系较紧密的部分。

所以说,中学生与父母的交往从心理到行为上处于一种矛盾状态:他们要求父母让他们独立,不要"多管闲事",然而一旦离开了父母的管束又会失去自控,产生行为偏差;当他们遇到心理冲突时,又希望得到父母的关心与疏导,他们还需要父母的指点与帮助,不能完全摆脱对父母的依赖。

2. 亲子关系调节策略

中小学生与父母的交往对其社会化进程起着很重要的作用。这其实为我们提出了一个很重要的问题:怎样才能使中小学生很好地与父母交往沟通?怎样才能让亲子关系更加和谐?

正确的途径是要双方相互"理解"。以下有五条建议可以提供给父母参考:

(1)接纳孩子的心声

①家长要表达接纳的态度

当一个人能感觉到被另一个人真正地接纳时,他就具有帮助别人的能力,他的对抗就会减弱。若父母透过自己的语言向孩子表达"接纳"的感觉，就可以使孩子接纳并喜欢父母。同时，家长也能帮助子女发挥其潜能，从而协助孩子去解决问题，给予孩子支持的力量，帮助其面对青少年期的一些痛苦与失望。而"接纳"的重点是一定要表示出来让孩子感受到自己是真正被接纳。接纳是一种属于被动的行为，所以家长更要藉由主动的沟通或表达来让孩子感受到对孩子的接纳。

②以身体语言表达接纳

这种接纳是指经由姿势、手势、面部表情或其他动作来表达。

③以"不干涉"表现接纳

当孩子从事自己的活动时，父母不轻易干涉。这会让子女感觉到"我现在做的事是对的"、"我玩的游戏是被允许的"、"父母接纳我正在做的事"。

④以"沉默的倾听"表示接纳

有时候什么都不说也是一种很清楚的表示接纳的方式。因为别人肯听你说话是一种很美妙的经验，会使人觉得被接纳。所以什么都不说跟什么都不做是一样的，是表示接纳的一种方式，而这种接纳有助于孩子建设性的成长与改变。

⑤以语言表达接纳

父母与子女在互动上当然不能全然保持沉默，语言的沟通亦十分重要。关于语言沟通将在下一条积极倾听的建议中得到进一步详细的说明。

（2）表达积极倾听的态度

愿意积极倾听的父母会表现出一种对孩子全新的尊重与关爱，使孩子对父母产生亲密的感觉，因而也会相对地对父母表达出类似的反应。因为父母肯倾听孩子的心声，孩子当然也愿意聆听父母的看法。除此之外，积极的倾听可以帮助孩子分析问题，孩子会因不断的倾诉而逐步分析自己的问题，最后找出更好的解决方法，进而变得较为自主、负责和独立。

另外，当孩子透露他的心声时，父母要听得出孩子是不是遭遇到困难了。每个孩子在生活中都会遭遇到一些困难、失望、挫折与痛苦，如与朋友、父母、老师、环境之间的问题，或是自己本身的问题。解决这些问题若能得到父母的帮助，孩子就会拥有健康的心理，获得更多的力量与信心。有时，孩子也知道一些情况不能改变，但是因为有人接纳他、了解他，就能帮助他消除那种不安与无助的感觉。

（3）学会运用"我"的信息

在亲子沟通中，父母宜多用"我觉得……"、"我感到……"、"我认为……"等语句来表达自己对孩子的鼓励，加深孩子的认同感或者表明此时双方处于平等的地位，但许多父母急于运用或用得不当，往往得不到预期的效果。因此，以下提出几个运用"我"的信息时要注意的地方。

①伪装之"你"的信息

许多父母虽然在和孩子沟通时，也记得使用"我"的信息表达方式，但很多时候其中还是隐含了"你"的信息在里面。例如，一位父亲谈到他和孩子的对话中有："以修剪草坪这件事来说吧，每次你偷懒，我就觉得生气。"爸爸说的"每次你偷懒"跟直接骂"你是懒鬼"是没有两样的。

②别强调消极的感觉

当父母在发出"我"的信息时还常犯个错误，就是忘了"我"的信息是要表达"积极"的感觉。

③反应太过温和

有些父母对于一些自己心中严重且强烈的感觉，不放进"我"的信息中。尤其是一些真正严重的事必须要真实传达，表达自己强烈的情感，这样，孩子才可能感到冲击，才可能改变行为。

④反应太过激烈

有些父母在刚学会"我"的信息后，就急着去面对他们的子女，结果像火山爆发，一发不可收拾。很多父母误以为"我"的信息是用来发泄他们对子女的不满的，结果反而伤害到孩子，让孩子有罪恶感，感到父母在责备他。通常"愤怒"的父母会用"愤怒"的表现来教训孩子，所以生气时，表达中常会变成"你……"的信息，带有责备和批评。

（4）给予适当鼓励

青少年的父母总希望子女能够建立起强大"自信"，养成积极思考的习惯，学会对自己的行为负责。其实，自信心的建立，来自于自我的成就动机与别人的赞美和鼓励。家长完全可以通过鼓励达到这个目的，要注意的是几个关于鼓励的重要原则。

①对孩子有信心

青少年需要大人的指导是天经地义的，但一旦指导原则确定且互相同意后，父母应要求孩子有遵守约定的诚意，而且相信他们会去遵守。信任他们，也就是对孩子要有正面的期望，不要认为他做不到，也不应要求他做到完美。

②建立孩子的自尊心

不要把孩子拿来与其他兄弟姐妹或其他同龄的孩子进行比较，每一个人都是一个独立的个体，要给子女选择做自己的权利。经常拿他和别人（表现比他好的孩子）比，跟在别人面前打他的耳光没什么两样，不仅伤害孩子的自尊心，而且容易使他放弃努力。

③肯定孩子的努力和进步

没有人天生是完美的，只要孩子有一点点进步和努力，父母都应该鼓励他们。鼓励是在强调过程（努力、行动、前进），而不是在强调结果（成就、得失、荣耀）。

④集中注意力在他的优点和潜力上

不要指责孩子的错误，多给他加油，帮助他找到属于自己的潜能。每个人不同的特质造就了他存在的意义，要在他表现不好的项目上给予鼓励，在他表现好的项目上给予肯定，真诚地告诉他："你会做得更好！"

⑤接纳犯错的可能

在学习的过程中，犯错是在所难免的，而中小学生正处在尝试不同角色以达到"自我认定"的阶段。家长要接纳他，与他一起讨论，家长应与孩子一同在这过程中学习，检查原因，并找出改进方法，帮助孩子面对错误，而且不忘记对他说："我们永远在这里给你支持的力量！"

家永远是孩子避风的港湾，即使孩子处于叛逆阶段，他们的内心依然渴望父母、大人的理解与帮助。所以，家长应尽可能的处理好亲子关系。

三、同伴交往

1. 同伴交往的重要性

教育事例一：

某初中男生李桦，成绩很好，但是性格内向，不经常与人交往。他的父亲一直在外做生意，母亲在家务农，也没有时间多管他，他从小和母亲在乡下生活。父母一天忙到晚，李某整天只能一人独自在家，缺乏父母的关心。父母没有更多的时间带他到公共场所参加集体活动，因而缺少交际锻炼，造成了他性格孤僻，做事胆怯。在课堂一直不敢回答老师提出的问题，一回答问题就脸红，胆战心惊，担心回答不对。他平时很少说话，很少参加集体活动，总是独来独往，没有什么朋友，同学们也不愿意和他交往。放学回家后就钻进房间，看电视、看书，再也不出门。

教育事例二：

某高中生曾奇，就特别喜欢交朋友。下课和朋友一起打球，节假日一起出去玩。有些事他更乐意跟自己的朋友商量，比如在竞选班长的时候，朋友们就特别支持他。当上班长后，他的朋友也能配合他的工作。朋友给了他强大的后盾，给了他做事的信心。

同龄人的交往是中小学生人际交往的重要方面，他们迫切地渴望与同龄人建立友谊。绝大多数的中小学生倾向于和同龄人交朋友，这是由过渡期青少年的心理特点决定的。同伴交往不仅能促使青少年摆脱成年人而获得自立，更重要的是使中小学生得到情感上的安宁和稳定。而且这种朋友关系对于中小学生具有重要的意义。

首先，中小学生生理机能的变化使他们产生了前所未有的欲求体验，心理的闭锁性又使得他们的这些欲求冲动羞于启齿。但是他们在朋友中，在相同经验的基础上，得到了客观上的沟通，彼此间能够爱护、支持、谅解以至体贴。关于性知识的奥秘，中小学生大多数是从同龄人那里知道的，他们的心理闭锁性只有在同伴中才能得到缓解。

其次，随着中小学生需要层次的不断递增，他们不再局限于儿童时期低层次的生理和安全需要，开始上升到归属与爱的需要以及自尊和自我实现的需要，而友谊正是满足这些需要的重要途径。中小学生寻求在心理上同朋友的接近、归属、理解以及自我坦白的程度都达到了最大限度，大大地超过了其他所有的相互关系。中小学生渴望受到他人尊重，愿意得到别人的关注，并力求摆脱对成人的依赖，对别人对自己的评价十分敏感，与年龄相仿、地位相近的人交往，则容易得到他们的理解和尊重，满足自己独立的需要。同时，同龄朋友能提供父母所不能提供的心理稳定感、认同感和发挥自身能动性的机会和场所。他们与朋友分享共同的情感、矛盾、忧虑和困难，在相互帮助和尊重中满足了自我发展的需要。

最后，中小学生还渴望能在学习、工作和社会中显示自己的才能，发挥更多的作用，而中小学生群体正是他们施展才能的好舞台，朋友是最好的观众和喝彩者。

中小学生选择朋友大都在班内或校内，即选择空间距离较近的同伴，其中以同性同伴为主。选择朋友的标准主要有：同忧，同乐，互相关心，兴趣相投，思想好，性格好，成绩优秀，有特长。

而且，中小学生的友谊保持的时间在逐渐地加长，这是由于：中小学生个体已开始认识到友谊是唯一的个人关系；中小学生的兴趣和爱好的稳定性随着年龄的增长而提高，友谊也因此而逐步深化；中小学生整合矛盾信息的能力提高了，能将一些细节放到次要地位，这在人际关系上则表现为宽容态度增长了。但是由于中小学生这时对友谊的要求还较理想化，朋友间要绝对忠诚、坦白、保守秘密，遵守无形的伙伴关系准则，齐心斥责对朋友的叛变等，因而中小学生的友谊也常常因一些矛盾而结束。

2. 促进同伴交往

学校是学生交往时间最长、最频繁的场所，作为教师，应该掌握学生渴望与同龄人交往的心理发展特点。同时，要注意到教师与学生的关系是纵向的，无论师生关系多么好，对学生来讲也有居高临下的意味；而学生之间的关系是横向的，是平等的关系，在这种关系下，学生间的交流毫无顾及，并且相似的生活经历让他们能够彼此理解，相互帮助，解决一些师生之间难以解决的问题。

为此，应充分学生的心理特点，抓紧在校的点滴时间，在教学中、课下、平时的教育工作中，引导学生建立健康的友谊，使学生通过健康的交往，增进相互了解，认识到男女心理和生理上的差异，感受到同伴之间友谊的珍贵，从而提高交际能力，学会与他人合作、共处。

可以借鉴以下方式具体操作：

（1）通过搞班级活动，让同学合作参与，建立和谐融洽的交往氛围。

（2）通过鼓励学生参加学校组织的大型活动，调动同学的积极性，让学生建立广泛的友谊。

（3）教师平时要注意认真观察学生的情况，对于不善于交际的学生，比较内向的学生，要多多鼓励、帮助。

（4）教师要教给学生一些交往技巧，比如，找自己和他人共同的乐趣点。

（5）教师要指导学生在遇到矛盾时，要怀有一颗包容之心、豁达之心，要看到他人的长处，要找到自己的错误，主动承担责任。

如果遇到了异性交往过于频繁的特殊情况，也不要急于把学生找来进行镇压和批评，更不要过早地学生贴上"早恋"的标签。要帮助他们认识到这是一份真挚的友谊，它需要每个人认真对待，也只有这样才能友谊才更有意义，才能激励自己前进。这样，不但淡化了学生的特殊想法，也防止了对其他学生的影响。

友谊是学生最珍贵的财富，教师应指导学生学会巩固自己的友谊，让人生之路越走越宽。

四、师生关系

1. 师生关系现状

教育事例一：

高一年级的班主任李文豪在讲述他的教学经验时说，他们班里有一个外号叫"老怪"（实质上是病态心理）的学生。

平日里很孤僻，不喜欢和同学、老师沟通，每次搞活动总是自己在一旁，有时候班里调皮的学生会追着他喊"老怪"、"老怪"，弄得他更不喜欢和同学沟通了。上课的时候总是不举手，老师好心叫他回答问题，他不是不会，就是干脆不理老师。一次区里领导来听课，这名学生硬是在课堂上搞垮了课任教师事先安排好的顺序，弄得课任教师下课后，回办公室哭了好一阵。

还有有一次，班级里轮流做值日班长的工作。轮到他了，他那天做得非常出色，出乎大家的意料。他把分担区打扫得相当干净，于是班长就当众表扬了他，而他硬把班长对他的表扬说成是拿他开心，又吵又闹。

班主任李文豪了解了该生的心里状态后，首先发动全班同学主动而谨慎地接近他，绝对禁止叫外号，让同学们和他谈心，一起搞活动，在学习上多多帮助他；而班主任本人也是常常有目的、有针对性而又故意表现为无意识地接近他，和他谈心，给他分配一些班级的任务，给他创造成功的机会等。

渐渐的，这个学生渐渐变得开朗了，学习兴趣明显浓了，对同学也不像从前那样的态度了，而是主动和同学聊天，有不会的题会主动请教老师。也知道平时到老师办公室走动，班级的一些事务他也主动管理。毕业时，该生给老师留言："老师，我一生都不会忘记您最真诚的关怀和厚爱"。

　　这个事例中的班主任之所以能用自己的方式挽救了一名悬崖边上的学生，是因为他们彼此之间达成了良好的关系。可见，良好的师生关系对学生的成长有多么大的帮助。

　　而在当前教育的师生关系中，教师是教育过程的主导，是课堂的控制者，把知识灌输给学生，把自己的观点强加给学生，提出要求，作出评价；学生被动接受灌输，没有怀疑，没有思考，没有思想，成为教师权威的服从者。对知识的占有成为这种教育的主要目的。这种单一的主体观教育思想导致师生的不平等性，使教师远离学生的认知、情感世界，把学生当成物，将自己的意志强加于学生。在这种教育过程中，知识的掌握成了课堂教学的唯一目的，教育活动成为占有知识的活动，教师是知识的权威，学生是知识的需要者和接受者，教育关系成了知识授受关系，师生都将自己的内心世界封闭，交往匮乏，情感、精神沟通缺失。非理性精神相遇的缺乏导致现实教育中的师生关系成为片面的知识授受关系，而不再是"人"与"人"之间的关系，教育的世界因此而被缩小等同为知识世界、科学世界，与人的生活实践隔离。然而，"教育是人的灵魂的教育，而非理智知识和认识的堆积。谁要是把自己单纯地局限于学习和认知上，即使他的学习能力非常强，那他的灵魂也是匮乏而不健全的"。占有式教育造成学生精神的缺乏、人格的分裂，应试教育就是占有式教育的典型体现。

　　由于现实教育过程被等同于教学过程、知识的传授过程，师生的交往蜕变成知识信息的交流，教师和学生只是作为知识的载体进行单一、片面的交往，失去了人格精神的相遇，导致师生关系的疏离和扭曲。对教师而言，教学面对的是集体的学生，学生只作为一个抽象的学生概念而存在，被客体化，师生交往成为以教师自我为中心的片面交往，原本内容丰富的师生交往关系被异化为主客体关系。在这种被异化的师生关系中，教师居高临下成为课堂、知识、学生的控制者，学生成为被控制的对象，主体性被泯灭，教师无法走入学生的内心世界，师生之间难以产生情感共鸣。雅斯贝尔斯认为，真正的教育应该是"人与人的主体间的灵与肉的交流活动"，师生关系的"主——客"模式必然将被"主——主"模式取代。在教育过程的交往中，交往者作为主体，应该自主地以语言为中介，建立起表达、对话、领会、理解的交互关系。语言中内涵着交往者的态度、情感、意志、人格品质，交往的过程不仅是言语的知识信息的表达、倾听、领会、理解的过程，更是交往者精神的相遇、相通，情绪、情感的交流，人格的感化。只有在这样的交往过程中，教师和学生才能作为具有主体性的完整的精神实体进行交往，教育才具有促使人精神成长的"教育意义"。因此，当代教育应当是师生的主体间交往。

传统教育是教师掌握控制知识的传授，学生被动接受，学生成为单纯的知识的接受容器，教学过程与教育过程被合二为一，学生独立人格的形成、完整精神世界的建构都被消融，这样，教育在丧失"教育意义"的同时也丧失了其发展性。传统教育压抑受教育者的主体性，而现代教育放任受教育者主体性，师生主体间交往则旨在通过教育主体间的交往和对话，置受教育者于和谐、民主的氛围中，激发其内在成长的需要。主体间交往的教育模式不是把学习知识当作目的，而是当作手段，师生在交往中传递知识，获得生命体验，互相影响，共同成长。在这个过程中，师生构建主体交往关系。

师生主体间交往关系有三个方面的体现：首先，体现在师生交往中教师与学生都是教育的主体，教师和学生都作为平等的、开放的、真正具有独立人格的人出现在教育活动中。其次，体现在师生在交往实践中作为完整的人彼此进行心灵的交流，传递交往双方的情感、观点、思想、认识、知识，师生在相互作用、相互影响、相互理解的交互活动中不断建构、重构自己已有的知识、经验、观点、看法、认识、态度和情感。最后，师生之间交往的过程是寻求和发现共同点的过程，是相互理解的过程。

师生主体交往关系的建构，需要师生之间相互沟通，没有沟通，就无法相互了解，就无法相互尊重。

2. 师生间的沟通

作为由师生共同参与的教学活动，是教师根据一定的教育目的、按照课程计划中规定的教学科目引导学生主动学习教材的双边活动，也是一种人际交往沟通。教师、学生以及教学中的各种活动构成了一个复杂的特殊的人际沟通系统，所以，要达到教学目的，提高教学质量，建立师生主体交往关系，师生间要进行有效的和谐的沟通。

（1）师生交往沟通的特点

人际沟通是社会形成和发展的基础，不同的群体之间存在着不同的沟通方式，因而沟通的内容也就不会相同。在教育教学活动中，师生之间的沟通具有明显区别于其他沟通的特点。

①双向性

人际间的任何沟通都具有双向性，教学是一种十分重要的特殊的社会活动，更强调这一点。这是因为教学活动是由教师的"教"和学生的"学"所构成的双向信息交流活动系统，教师把有关教学内容的信息，通过一定的教学手段传授给学生，并引导学生进行学习；学生把所收到的信息转化为自己的知识或技能。学生的学习效果及各种表现又作为一种反馈信息传向教师。教师根据学生反馈来的信息，一方面进一步调整教学活动、教学手段和教学方法，另一方面在此基础上形成对学生的评价和期望，而这些又作为教师的反馈信息传给学生，使学生根据教师的评价、期望和要求，自觉不自觉地调整自己的行为。因此，在教学活动中，信息的交流是双向的。

②依存性

人际沟通是一种具有整体性的系统。在教学过程中，师生作为信息沟通的双方相互依存，是一种双边活动系统。在这一活动系统中，教和学彼此依存，互为因果，双方信息相互传递，相互反馈，相互影响，相互促进，从而完成复杂的知识传递过程。

③主导性

在教学实践中，教师是"教"的主体，是教与学统一过程的组织者、领导者，控制着教学的方向、内容、方法、组织和进程，从总体上影响着整个教学活动。

这是因为：

第一，教师闻道在先，是知识信息的占有者，是"传道、授业、解惑"者，教师对于传授、交流的主要信息，大部分都要自己先加工处理，然后再传给学生，因此教师对知识信息处理得如何、传授的方法如何，直接影响学生对知识信息的接受效果。

第二，教师的价值观对学生认识事物产生导向性影响。尽管知识教学是教学过程的主要活动，但教学的任务不仅仅是使学生掌握知识和技能，而且还要通过知识教学发展学生的能力，培养学生的兴趣、情感和意志，对学生进行思想教育，促进学生身心全面发展。

第三，教师的态度、表情影响交流的气氛和学生接受知识信息的效果。

这些都说明在教学信息沟通中教师占有主导作用。

④主观能动性

尽管在课堂信息沟通中教师具有主导作用，但在教学过程中，学生不仅是教师施教的对象，而且是学习活动的主体，应该使学生成为学习活动的主人，在接受知识信息上充分发挥个体的主观能动性。信息接受情况怎样、学习效果怎样，很大程度上取决于学生当时的心理状态。学生学习的需要、动机、态度、兴趣以及师生的关系如何、对教师人格的评价如何等，这些因素在很大程度上影响着学生对所接受信息的加工、编码。学生总是根据需要对收到的信息加工整理后而纳入自己的知识结构。因此，对学生来说，学是一种主动的有目的的行为，是接受信息、掌握知识的活动，具有较强的主观能动性。

在师生的交往中，学生与老师的心理沟通是必需的，这需要双方共同努力。教师应当认真分析和研究学生的成长规律，尊重学生的权利，学生也应该努力提高自我教育水平。

（2）师生沟通的桥梁

中小学生与教师的交往，在其与成人的交往中占有重要地位，这是由教师的教育地位所决定的。教师是知识的传授者，是学生成长的引路人，是孩子们的长辈与朋友，在孩子们的眼里，教师的语言具有真理的威慑力。有人做过调查，学生对自己信赖的老师的信任往往高于对自己父母的信任。但是，教师与学生的沟通在学生的各个阶段影响有所不同。

在儿童时期，老师在儿童心目中是绝对的权威，是儿童成长的榜样。孩子在家里总会对家长说："老师说……"当孩子与家长的意见有分歧时，常会引用老师的话作为论据同家长争辩。当学生进入青春期，学生与教师的关系发生了变化。随着中小学生的自我意识的增强，学生对老师的话开始进行辨析，认为正确的就听，认为不正确的，保留自己的意见，并可能会反对。学生与教师之间的关系变得极其复杂和微妙。

在学生心目中，品德高尚、人格健全的教师受到他们的尊重。学生喜欢与这样的教师交往，乐意接受他的教育，这样教师的教学才会取得良好的效果，教师的品德和人格也会潜移默化地影响学生的心理，指导着他们的行为，内化为他们的品质和人格。相反，一个在学生眼中缺少修养、品格欠佳、人格不够健全的老师，则很难在学生中得到尊敬与爱戴，他的要求与教育即使是正确无误的，也往往为学生所轻视和拒绝，学生们不愿与他交往，有的"敬而远之"，有的则当面反抗，甚至可能引起群体的不满，其教育则显得苍白无力。

教师应努力提高自身的师德修养与心理素质，必须了解学生，理解学生，循循善诱。而且学生有与教师交往的需要，事实上，不是学生不愿与教师交往，而是教师的言和行不能引起学生心灵的共鸣。

为此，教师应在学生面前严格要求自己，处处以身示范。学生的眼睛是敏锐的，老师的一言一行，都会引起学生内心的思考，他们会把老师的教育和要求与老师自身的言行联系起来，从而认定谁是他们的楷模，谁是他们应轻视的。教师以身垂范是与学生沟通的、引导学生的一种方式，是给学生留下良好印象的一种方式。但是，这只是教师建立良好师生关系的第一步，教师还必须时刻把握学生的思想动向，时刻给学生以帮助。要想建构师生主体交往关系，教师必须持之以恒的对学生加以引导，保持平等沟通的关系，不断巩固良好的师生关系。这时，教师需要多种多样的沟通的途径，特别是信息技术日益发达的今天更是如此，对于不同的沟通途径教师可以采取不同的方法。

①面对面谈话式沟通

这是最直接、最传统的沟通方式，师生直接面对，真诚而坦率地交谈，沟通的效果可能立竿见影。这时师生的空间位置关系有如下几种：师坐生站、师站生坐、师生共站、师生共坐等。一般情况下，前两种均不太好，因为我们在师生沟通时应尽量注意师生的平等，尽量多给学生一些尊重；在室外只能是师生共站，在室内最好是师生共同坐下沟通较好。即使这样还有许多位置关系，如在面对面还是并排坐、师生保持多远的距离等都有讲究，不同的位置都会影响沟通的效果。

②书信交流沟通

书信交流沟通也是较为传统的一种师生沟通策略。虽然现代社会通讯技术已很发达，但这种沟通方法还是会起到很好的作用。在某些环境下，可能有某些事情师生之间不方便直接面对面沟通，那么通过书信来进行沟通不失为一种较好的方法。通过这种沟通，教师可能会了解到学生中平时不易掌握的情况，可直面学生的内心世界，而作为学生也会得到教师更为完备的帮助和指导。其实班主任写在成绩报告单上的评语也是书信交流的一种，家长则可以通过回执来反馈学生在家里的表现等。

③周记和作业沟通

现在很多教师尤其是班主任都要求学生写周记，通过周记来了解学生一周以来学习、生活、思想等方面的情况，这是很好的一种办法。可实际上有很多教师这样做只是流于形式。其实我们可以通过周记和学生进行沟通，可能会收到意想不到的效果。这就需要教师要有一定的敏感性，能透过学生周记中的字里行间及时捕捉信息，然后进行必要的沟通，如写一段鼓励性的语言，提出几点具体的要求，讲讲教师心里的一身感受等，都可能引起学生的共鸣，对学生产生促进和帮助，也许周记就此就成为师生对话的工具和主渠道了。当然，任课教师在批改作业时也不应只满足于对和错，作业本也可以成为师生沟通的重要途径，如教师可在作业本上写"做得真不错"、"希望你继续努力"、"以后可不要再这样粗心了"、"努力啊，岁月不待人，莫等闲白了少年头"等等，也许会收到良好的效果。

④电话及网上沟通

随着信息产业的不断发展，电话已经普及，因此通过电话进行沟通已经是很容易做到并且是很正常的了。一个电话，一声问候，能拉近彼此之间的距离。一个能经常通过电话与学生进行沟通的教师，一定是个在业务上认真，对学生负责的好老师，也更容易赢得学生的尊重，学生也更愿意把自己的心里话向这样的老师倾诉，师生沟通将会收到良好的效果。随着当今因特网的日益发展，上网也就成了学生业余生活的一部分。

网络这把双刃剑对青少年学生是好是坏是现今社会讨论的一个重要话题，但网络越来越成为大家生活中的一部分，这种趋势将无法阻挡，教师要做的应该是如何利用网络为自己的生活、生产和学习提供帮助。其实教师大可以利用网络的优势来与学生进行沟通。学生不是喜欢上网聊天吗？那好，班级就建一个聊天室，让喜欢聊天的学生都进来，教师陪学生聊，当然教师也应有一个好听一点的昵称，这样师生沟通就更自然一点了。

总之，师生之间可以利用不同的时间和空间进行沟通，也可以利用不同的方法和途径进行沟通，相信师生有了良好的沟通，必将会很好地解决许多教学问题。当师生之间真正喊出"理解万岁"时，师生沟通将不会成为难题。当师生关系在相互理解、沟通之下，变得健康、积极，那么师生主体关系的建构就已经成功了，教师的教学将更具有亲和力，学校也将会成为学生的天堂！

第三章　做学生的情感加油站（上）

第一节　学会情感渲染

一、情绪、情感简述

教育事例一：

开学伊始，周老师班来了一名新生叫李强，在军训中，身站不直，嘴闲不住，嬉皮笑脸，而且总与教官顶撞。周老师意识到，碰上了令人头疼的学生。果然，上课时李强把头歪在一边，老师讲什么和他没有任何关系，什么都不听。如果来了精神，就搅得四邻不安。周老师把他找到办公室严厉地批评了他，一看他口服心不服的样子，就知道没起到效果。在以后的课堂上，他不但没有改进，反而有过之而无不及。周老师看在眼里，急在心里，就经常在课堂上批评他。有一次，他的名字再次出现在班级日志的批评栏上。这一次周老师又把他找到办公室，他以为要批评他，脑袋一歪，一副玩世不恭的样子。可他万万没想到周老师会表扬他："李强，有同学反映你经常替卫生委员换水，有这回事吗？"他抬起头，眼中闪过几丝光亮，于是周老师接着说："你身上存在着助人为乐、热爱集体的优点，如果在学习上认真些，老师和同学会喜欢你的。"看得出他的不相信，但最终他还是点了点头。

以后的几天，班级的水从未间断过，李强在课堂和自习课的表现也大有进步，走神、调皮的现象明显减少了。周老师在课堂上着实表扬了他一番，说他主动承担换水这一重任，而且周老师还启发同学："谁换水次数最多？"同学们想了一下，都异口同声说是李强。

周老师深信，抓住李强身上的这一闪光点，一定会把他变成一名爱学习、守纪律的好学生。所以又一次找到他："现在大家都重新认识你了，你确实没让我失望，从你现在的情况看，距离大家都喜欢的好学生，还差了两步。""哪两步？""你想想。""第一，上课不再愣神；第二，不再和同学打架。"周老师肯定了他的回答，并帮他出了个主意，让他写份上课不讲话认真学习的提醒书，贴在课桌上，这样时时提醒自己。

事实上，李强从那一天起有了很大的改观，虽然有时控制不住自己，只要老师或同学一指课桌上的提醒书，他就马上改正。现在李强学习劲头很足，遇到不会的问题能够虚心向同学请教。周老师相信，不久的将来，李强会成为大家喜欢的好学生。周老师更坚信多表扬鼓励，少批评挖苦，会使老师的工作收到事半功倍的效果。

上述事例中，这位年轻的周老师能够经常表扬和鼓励学生，尤其是对一名调皮学生。抛开他的教育方式不谈，从这个案例中我们还可以看出积极的情绪情感对学生学习的影响。在教师的表扬鼓励下，这名学生对学习产生了乐趣，能以积极的情绪情感学习了。可以想象，如果每位教师都能重视学生的情绪情感对学生学习的影响，那么我们的学生都能够天天高高兴兴地上学了。

所谓情绪，是指主客体相互作用过程中外部客体满足主体需要的状况所引起的主观体验（如喜怒哀乐、生理激起神经系统、内脏器

官、新陈代谢的变化，表现在表情面部和体态）的总称。情感则专指
其中的主观体验。情绪、情感在教学过程中有重要作用，学生积极良
好的情绪情感是提高课堂教学效率的必备条件。一般来说，学生积极
或消极情绪、情感的发生与学生的需要、教学环境、学生的认知等因
素有关。

二、培养学生的良好情感

在教育教学中，激发学生的情感，进行情感熏陶和教育，对教育
效果有重要作用。教师在培养学生良好情绪情感的过程中是影响学生
最积极、最活跃的因素，教师的情感感染力不仅是一种无形的情感、
情境，而且是一种培养学生情感的心理力量。那么，教师该如何培养
学生良好的情绪、情感呢？在教育教学实践中，教师可以借鉴以下
几点：

1. 优化自己性格，以性育情

教师本身必须是一个有良好性格、积极情感的人。因为不同性格
的人对客观事物会产生不同的情绪情感体验，情感具有感染性，在人
与人之间的交往中，情感能起到一定的感化作用，成为潜移默化的心
理力量。学生又有向师性，他们把教师作为自己模仿的榜样，教师会
使学生在无意中接受自己的情感影响。

一位性格开朗、心底明亮、乐观向上、感情充沛、激情飞扬的教
师走进课堂，可以给沉闷的课堂带来满堂春色，教师的情感会感染学
生，进而点燃学生情感的火花，给学生带来积极的情感体验，让学生
充满朝气与快乐。如果教师总是闷闷不乐，郁郁寡欢，就会给学生带
来消极的情绪情感，使学生心情郁闷而压抑，丧失学习的热情，失去
快乐的情感。因此，教师不要把自己忧愁的神色、抑郁的面容以及不

愉快的事情在学生面前表示出来，要始终把自己良好的性格、健康的情感展露在学生面前。

2. 用爱感染学生，以情育情

爱是一种信任，一种尊重，一种鞭策，一种激情。热爱学生既是教师应具备的职业道德，又是培养学生良好情绪情感的教育手段和教育力量。

事实上，教师和学生之间有没有感情的交流和呼应，将会极大地影响教育教学的效果，教师只有爱学生才会受到学生的爱戴与信任，学生才会向你敞开心扉。教师永远应当以和平、愉快、友好和鼓励的方式对待学生，当学生感受到教师的喜爱、信任、关注、赞扬，就会获得心理上的满足，并在这种满足中发展自我价值感，激发上进的力量和信心。久而久之，这种积极的情感体验能使学生产生相应的情感，形成他们关心他人、照顾他人、以及朝气蓬勃、积极向上的乐观情绪。

3. 改进教学方法，以教育情

在质疑问难中培养情感。学，贵在于问，教师要引导学生勇于提出问题，使学生不断面临问题。俗话说："提出一个问题比解决一个问题更难"，当学生知道自己哪里不懂时，能提出疑问才能继续去解决所遇到的问题，是学习中不可忽视的好方法。教学中，教师要给学生创设质疑的条件，先安排学生进行自学，然后鼓励学生大胆提出自己不懂的问题，学生一旦自己能提出问题，就已处于学习的主动地位了。对学习产生浓厚兴趣，有了热情，然后教师再鼓励学生自己去解决问题，这样可以激发学生积极的情感，也可使学生的情感变得持续稳定。

4. 引导学生在合作学习中获取知识、培养情感教师要为学生营造共同学习、探索和研究问题的环境氛围，努力给学生创设合作式学习的情境。学生可分成小组，小组成员依据问题选择本组喜欢的学习方式分工合作，深入思考研究，相互交流，共同切磋，这种学习活动让学生在充满合作机会的个体与群体的交往中，学会与人沟通，与人互助，与人分享，既能够尊重他人，理解他人，欣赏他人，同时能使自己更好地得到他人的尊重、理解与欣赏。在学习中不但分享到思考的乐趣，还体验到成功的喜悦，可使学生产生惊异、激奋、自豪的情感。

5. 引导学生在实际运用知识的过程中培养情感

教师还应该引导学生运用所学知识解决生活中的实际问题，培养对学习的积极情感。学生对知识的理解和掌握，需要在实践中进行应用，因而，当学生获取知识后，教师要为学生开辟运用知识的广阔天地，留给学生一个实现自我的空间。这样，可使每名学生充分显示自己的知识、技能和智慧。例如，教师向学生提供一些生活信息，如商店里部分商品的价格，公园里各项游玩项目的价钱，旅游车、游船的价钱等，请学生设计购物方案，游玩方案以及租车、租船方案等，学生对解决这样的实际问题非常感兴趣，设计出了许多方案，并能指导父母合理花钱，得到家长的认可与夸奖。学生从中体验到所学知识的价值，感受到了学习的乐趣，并由此获得成功而产生自信，感到愉悦，就会对学习充满热情。

6. 运用生动直观的教学方法培养情感

直观教学是使学生获取感性知识、理解抽象概念所提供的重要前提，但直观教学不能平淡无奇，呆板无华，而必须生动活泼、饶有趣味。例如，数学教学中，计算不规则图形的周长，如何计算一个复杂的不规则图形的周长呢？在学生深入思考之后，无法寻求出更巧妙的方法，这时教师采用直观教学法，通过演示课件，让这个不规则图形发生了变化，使学生清晰地看到，运用平移法将这个不规则图形转化成了一个长方形，顿时激活了学生的思维，原来如此，求这个不规则图形的周长就是求一个方形的周长。这样才能一下子把学生的情绪激发起来，为感知创造一个良好的情绪背景，激发学生的学习情感，学生们跃跃欲试，争先恐后，请求再次尝试学习过程。

7. 创设教育情境，以境育情

晋代学者王羲之曾写道：情随事迁，感慨系之矣。这就说明，情感具有情境性的特点。情感总是在一定情境中产生的，具体的情境可以唤起人们相应的情感。因此，为了培养学生积极的情感，教师就要善于创设教育情境，以境育情。例如，为了培养学生热爱集体、关心同学的情感，教师组织学生开展"我是班级小主人"的主题班会，通过讲故事、歌舞、小快板、相声、小品等学生喜闻乐见的表演形式，颂扬班级的好人好事，树立集体新风尚，使学生在活动中受到教育，激发情感，增强集体凝聚力。又如，为了培养学生学习数学的兴趣，教师让学生到生活中收集有关教学的资料，学生在收集资料中发现，生活中处处离不开知识，从而感受到学习的重要性，激发了学生好好学习的情感。

创设情境的过程中，教师也可以运用娴熟的教学技巧，培养情感。比如，教师的语言应该是生动、感人、富有魅力的，能够吸引学生。形象的语言不仅可以开通学生的思路，产生豁然开朗的效果，而且可以产生愉快的情感，从而激起学生更高的求知欲。又如，教师美观、条理清晰的板书，勾画逼真的示意图，娴熟准确的教具演示等都会使学生受到熏陶，体验美的情感，并对教师产生尊敬、钦佩之情。反之，学生会产生失望、厌倦的情感。兴趣是吸引学生的磁铁，更是推动学生的动力。只要让学生拥有了学习的兴趣，教师就算是成功了一半。

　　教师在学生良好情绪情感的形成中起着重要的作用，因而，教师要注意塑造自己的人格素质，用自己的人格魅力去感染学生。同时，在教育教学中要依据学生的心理特点、先进的教育教学理念来不断地改进教育教学方法，开展符合学生特点的教育教学活动，培养学生的积极情感。教师要努力创造轻松愉快的课堂氛围，构建影响学生情感的最大合力，做学生的朋友，使学生能乐学，从而快学以致学好，高质高效地完成学习任务。

第二节　学会运用人格魅力

一、人格魅力简述

教育事例一：

　　姚老师是个特别受学生欢迎的老师。他从教十载，取得过不少成绩。可最让他在乎的事就是学生是否喜欢他。他在教育反思上这样写到："每一个做老师的都希望得到学生的喜欢，就像每一个学生都希望得到老师的喜欢一样。如果一个老师能让每一个学生都喜欢他，那么，他一定是一个成功的老师。"他经常在学生都离校后，一个人在教室里静静地反思："学生究竟喜欢我什么？"然后如数家珍地细细地盘点着自己的事情。

　　"有四个同学喜欢我的幽默。是的，有时我会跟他们开开玩笑，有时，我会读两则笑话给他们听听，有时我会用比较幽默的语言跟他们说说我的儿子的可笑。在生活中，我本不是一个幽默的人，这个，看我的日常行为就知道了，全是一本正经的，几乎没有一句说笑。可不知道为什么，在学生面前，我就是敢于讲，对毫无准备的话题，也可以滔滔不绝地讲几十分钟。我想，那一刻，因为自信，我才生动，我才幽默。"

"有四个学生喜欢我课上的好，喜欢我上课的方式，喜欢我的讲课。我想，这一点，我是有权利骄傲的。在我们学校，语文课能上过我的，不多；数学课能上过我的，也不多。在我们学校，我是一个能文能理，服从领导安排的'模范'，我被评过市级教学新秀，也参加过市级赛课。相信这些都只是一个好的起点。"

"有两个学生喜欢我的笑。我是一个幼稚的人。我发自内心地喜欢我的学生。我的心情极容易受到学生的影响。今天开心了，就在学生面前抑制不住地微笑。有时，正在批评学生，可觉得他们的样子真的好笑，我努力绷着的脸就会逐渐地生动起来，直至全班同学和我一起哈哈大笑起来。"

"有十三个学生喜欢我读文章给他们听。我知道增加阅读面对于学生的重要性。"

"有两个学生喜欢我讲故事。我从来没有特意地讲故事给他们听，只是在语文课上，说到某人某事的时候，说一点我知道的典故。"

"有一个学生喜欢我抄宋词给他们。我曾经是个酷爱诗词的。"

"有三个学生喜欢我在班队课上带他们出去参加实践活动。现在的孩子太苦了，苦在没有自由。"

"还有一个学生喜欢我读文章的语调。"

姚老师是千千万万名普通老师中的一名。他没有惊人的业绩和感人的事迹，却有着作为一名教师最值得骄傲的地方，那就是他拥有学生对他那真挚的爱。他的心中时刻装着学生，把学生当作自己最亲密的朋友，可以和他们无话不说。学生的苦，他深有体验，想尽方法让他们快乐；学生的喜好，他视做珍宝，找来唐诗宋词和他们一道品味。在他那里，学生得到的是爱，是智慧，是毕生用之不尽的财富。他正是用教师特有的人格魅力感染着他的学生，赢得了所有学生的爱和尊敬！

有人格魅力的老师，将给学生带来无穷的愉悦和享受。在他的课堂中，学生的身心都是自由的，他们能说自己想说的话，能充分表达自己的思想和见解。在这里，没有思想的桎梏，没有传统的约束，没有条条框框，没有绳绳索索。有的是自由，有的是直率，有的是坦诚，有的是争论，有的是碰撞，有的是和谐和幽默。在这样老师的课堂中，学生的精神是快乐的，他们时时为自己学习的点滴进步而高兴，他们处处能得到老师同学的欣赏和赞美。微笑是教室内灿烂的阳光，笑脸是课堂上永不凋谢的花朵。这里没有紧张、恐惧、担心和不安，这里没有训斥、责骂、侮辱和体罚。教师时刻为学生取得的点滴进步而由衷赞美，欣赏着大家的快乐！在他的课堂中，学生的头脑是充实的，他们的情感和智慧都得到充分的发展。每一堂课，每一位学生都有不同程度的收益。"敏者"学得快，"讷者"学得深，课堂上没有无所事事之人，没有迷茫的眼神，没有忧愁的目光。每一张小脸是那么自信，是那么满足，他们就像拔节的麦苗贪婪地吮吸知识的甘霖。在他的课堂中，学生的心灵是美好的，他们时时感受着美。爱美之心人皆有之，审美之情人皆乐之。课堂上，道德的善，知识的真，艺术的美时时在浸染着学生的心田。美的语言，美的内容，美的画面，美的音乐，美的笑脸，美的心灵为学生营造美的氛围。向着美好前进，向着美好发展，成了所有人的追求。在这里看不到虚假、丑恶、欺诈和争斗。这是美的土地，这是美的世界。

　　真正有人格魅力的老师，他们充满了仁爱之心，爱自己，爱学生，爱社会，爱世界。他会用"爱满人间"的胸怀去关爱一切。他对学生就像对待自己的孩子一般呵护、欣赏和宽容他们，像对待鲜花上的露珠一般呵护他们，像对待自己的杰作一般欣赏他们，像对待自己的错误一般宽容他们。仁者无私，让每一位学生在爱心中健康成长是仁者教师的追求。

　　有人格魅力的老师，首先应该是博学的，上通天文，下晓地理，学富五车，满腹经纶。其次，他应该是睿智的，教师不仅是知识的传播者，还是智慧的化身。从他嘴里流淌出来的是思想，是机敏，是幽默。他能让人豁然开朗，让人柳暗花明，让人峰回路转，让人如沐春风。他就像一块宝石，永远散发着人格、学识和智慧的光茫。

二、培养人格魅力

　　如果你要想成为一名有人格魅力的教师，就应该在日常的教育教学工作中注意磨练自己，做到谈吐高雅，仪表端庄，性情平和，友善谦逊。想成为一名有人格魅力的教师，应该注意以下几点：

　　1. 说话做到语言美

　　语言是教师传输教学和教育内容的主要载体，直接体现教师的文化修养和个人品质。讲课、说话含糊其辞，信口开河，颠三倒四，枯燥乏味，低级庸俗，或张口就像河东狮吼，或讽刺、挖苦，甚至辱骂等，这会让学生惟恐避之不及，哪里还敢亲近！常言道："良言一句三冬暖，恶语半词六月寒。"一句机智幽默的话语，有时会化干戈为玉帛；一句恰如其分的赞扬远比冷冰冰的指责更能激发学生的学习热情、进取心和荣誉感！大量的实例表明：学生崇拜和喜爱的教师，无论是上课还是育人，都能旁征博引，信手拈来，口吐莲花，妙语惊人，和风细雨，激情洋溢，用例贴切，见解新颖；内容上准确，健康，科学，广博，有趣，富有严密性、思想性、变通性、丰富性；形式上变幻，简洁，生动，礼貌，委婉，适度，富有节奏美、韵律美、艺术美，有一种强烈的感染力和吸引力，通过听觉器官，走进学生的心灵深处。既能把学生带进知识的海洋里遨游，又像涓涓细流抚过学生的心田，使学生感到格外舒畅、亲近，可谓声声入耳、润心，句句有用、育人。

在教学中，教师言语的高、低、快、慢往往不易为自己所察觉。因而，教师必须注意从学生的反应中来调整自己的言语，检查自己的言语是否清楚、简练、生动、易懂，是否高、低、快、慢得当；是否合乎礼貌要求，是否存在语病等。让学生随你进入教学情境之中，感觉听你的课简直就是一种享受。

2. 始终保持仪表美

仪表也就是人们常说的容貌、服饰等外在形象。风度则是指透过言语举止表现出来的内在精神。教师的仪表风度不仅代表了教师本人而且体现了教师这个职业。它们所影响的不止是人们对这个人、这个职业的看法，它们还教育着一代人。教师的仪表风度是一种无声言语，当教师还没有开口的时候，它们却早已经在"说话"了。教师应该以美的仪表风度去引导学生。无疑，教师的仪表风度之美不同于演员的仪表风度之美。教师的仪表风度所体现的更多的是符合生活规范的美，如整洁、朴素、大方的美；符合职业规范的美，如端庄、和蔼、亲切的美。

巴特尔说过："爱和信任是一种伟大而神奇的力量。教师载有爱和信任的眼光，哪怕是仅仅投向学生的一瞥，幼小的心灵也会感光显影，映出美丽的图像……"所以，仪表、眼神、表情、动作等仪态，虽然无声，作用却非常神奇。矫揉造作、眼露凶光、双手叉腰，或衣衫不整、满面倦容、异味刺鼻，或奇装异服、浓妆艳抹、珠光宝气等等，轻者为学生所不耻，重者会潜移默化地带坏学生。有的教师虽无以上表现，却整日板着一张毫无生气的面孔，摆着一副至高无上的师道尊严架子，把自己尊为班级的酋长，学生一见便即刻敛声屏气，心理紧张，自然也就拒学生于千里之外。

其实，鼓励和赏识的眼神、提醒或刻意制止的目光、真诚的微笑、大方自然又亲切的动作，有时胜过苦口婆心的批评和劝说，有时能使课堂变成智慧闪光、灵感涌现的殿堂，有时会驱走学生心头的黑暗，使学生重新振作起来，有时会增强改正过失的愿望和信心，也有时会冰释前嫌，化解许多尴尬。受学生欢迎的教师，眼睛是神采奕奕、充满温情、兴趣盎然的，仪表是整洁大方、色彩和谐、修饰淡雅的，举止是站而不僵、坐而不垮、适度得体的，表情是面带微笑、生动活泼、和蔼友善的，学生感到老师就生活在他们中间，从而大大缩短师生心灵之间的距离。

3. 努力锻造人格美

乌申斯基说："教师的人格就是教育工作的一切。"对学生来讲，教师美的人格是任何力量都不能替代的最灿烂的阳光，是最能引起学生心灵共鸣的影射力，更是做教师最难能可贵的。人格美主要指内在的思想美、道德美、知识美等，它的美来源于对祖国的无限热爱和崇敬，来源于对事业的追求和忠诚，来源于渊博的学识和教书育人的能力，来源于公正、善良和慈爱，来源于对学生的钟爱、尊重和宽容，来源于甘为人梯、无私奉献、不断进取、勇于创新的执著精神，来源于谦虚谨慎、宽以待人、敢于慎独、自我批评和及时反省的胸怀，来源于为人师表、潜心治学、勤于研究、终身学习、循循善诱、诲人不倦、躬身实践的品德，来源于强烈的现代意识等等。这些崇高的人格魅力和道德形象，必然让学生无限敬仰，进而产生一种"桃李无言，下自成蹊"的感召力。

4. 心态平和心境美

中午，你正在办公室休息，突然闯入两名学生，他们为值日任务分配不均争执起来，找你给他们评理。此时，你会首先不分青红皂白训斥他们一顿，还是耐心地听他们陈述事由？

昨晚你和爱人闹别扭了，心情一直不好，第二天到学校，你是看谁都不顺眼，上课也打不起精神，还是一见到学生，就把不开心的事都忘了，以饱满的热情投入到工作当中？

教师美好的心境就像平坦美丽的海滩，凶险暴烈的冲击不会破坏它的平静，放荡不羁的海啸的肆虐不会把它变成一片泥泞；又像酿造生命佳酿的绿色植被，抖擞着一片绿荫，濡染着学生的情感基色，吸引着学生纯洁的心。当一个人怒不可遏的时候，意识活动的范围就会缩小，分析能力就会降低，也就很可能失掉教师应有的分寸。当然，冷静不等于无动于衷，克制也不是妥协退让，关键还是要求教师把握住自己的情绪。如同冷漠、麻木不是应有的心境一样，激动和暴躁同样不是应有的心境。教师心境的好坏，直接影响到教学、教育的表达效果。因此，教师应切忌无精打采、斤斤计较、满腹牢骚、嫉贤妒能、自以为是或天下人都有负于我的不平衡心理，时刻以良好的心态，出现在学生面前。

在日常生活中，保持轻松豁达、自信乐观的心理品质，用平和的心态对待名和利，在成功和失败、挫折与困难面前，能心静如水，大有"荣辱不惊，笑看花开花落"的气概，始终用胜不骄、败不馁的精神去感召学生追求卓越。这种美的心境，会产生很强的亲和力，并对学生培养健康的心理和保持乐观开朗的心境，起着不可估量的影响。

只有语言、仪态、人格、心境等各方面都美，才能相得益彰，相互辉映，产生一种言行一致、内外统一的和谐美，才能永久保持教师特有的魅力。身为教师，要坚持不懈地追求这些美，才会使自己真正成为学生心中的良师益友。

如何提高学生的心理素质

下

张桂红◎编著

中国出版集团

现代出版社

图书在版编目（CIP）数据

如何提高学生的心理素质（下）／张桂红编著. —北京：现代出版社，2014.3

ISBN 978-7-5143-2165-4

Ⅰ.①如…　Ⅱ.①张…　Ⅲ.①中小学生－心理素质－素质教育　Ⅳ.①G479

中国版本图书馆 CIP 数据核字（2014）第 038746 号

作　　者	张桂红
责任编辑	王敬一
出版发行	现代出版社
通讯地址	北京市安定门外安华里 504 号
邮政编码	100011
电　　话	010－64267325 64245264（传真）
网　　址	www.1980xd.com
电子邮箱	xiandai@cnpitc.com.cn
印　　刷	唐山富达印务有限公司
开　　本	710mm×1000mm　1/16
印　　张	16
版　　次	2014 年 4 月第 1 版　2023 年 5 月第 3 次印刷
书　　号	ISBN 978-7-5143-2165-4
定　　价	76.00 元（上下册）

目　录

第六章　做学生自我意识调控的鼓励者

第三章　做学生的情感加油站（下）

第三节　学会尊重与信任

一、尊重与信任简述

教育事例一：

刘庆海老师是北京市 2003 年度优秀班主任一等奖获得者。这是一位只有三十多岁的年轻班主任，他体形微胖，说话时总是温文尔雅。刘老师是 1996 年进入北京景山学校当老师的，八年教师生涯中，他做了七年班主任。在七年的班主任工作中，刘老师感受最深的是：观念不改不行了。

刘老师举了一个在其他老师看来是很难接受的事情。"我们觉得尊敬老师是天经地义的，学生见到自己的老师就该问好。有一次，我在校外遇见班上的一个学生和他妈妈，我们在同一条人行道上面对面地相遇，我以为他肯定会先向我问好，但他始终没有叫我一声老师。我们甚至对视了五六秒钟，他始终装着不认识。我有一个原则，就是学生不先叫我，我也不会叫他。"

刘老师觉得这个孩子不是没有礼貌。"可能在这个学生的人生理念中，他觉得你是我老师，那只限于在学校里、班级里。在学校外面你和我就不是师生关系了，只是普通的路人关系。这不代表你没有师道尊严。我觉得只要学生在学校里，甚至在班级里能叫我老师，就行了，因为这里是我的'势力范围'。离开了这里，你可以不叫我老师。虽然作为老师你可以提示学生，但是学生做不到时你也不要太在意。这样你才会快乐的。与此同时，作为教师应该明白想要学生尊重你的同时，你应该去尊重学生。"

从前，教师是一种权威的化身，我们经常强调"师道尊严"，强调"一日为师，终身为父"，要求学生甚至家长尊重教师。中国几千年的传统观念，使得教师具有绝对的权威地位，教师往往会不自觉地以一种居高临下的方式来表达一种对学生生硬的爱。有人曾说过这样一句发人深省的话："在今天中国的教室里，坐着的是学生，站着的是先生，而坐着的学生的躯体内，却掩藏着一个个战战兢兢地站着甚至是跪着的灵魂。"毫无疑问，教师的人格应该得到尊重，但同时，随着新课程改革的全面展开，人们的教师观、学生观出现了很大的转变，强调受教育者的主体地位，要求尊重学生的人格，尊重学生的主人翁地位，让学生充分发挥自己的主动性和创造性。从心理学的角度来说，每个人都渴望得到别人的信任和尊重，这是"人性中最根深蒂固的本性"，也是一个人保持愉悦心境和旺盛热情的需要，一旦需要得到满足，就会有力量，就会前进，就能发展！

蒙台梭利曾这样说："儿童有着他自己的人格，他自身具有创造精神的美和尊严。这种美和尊严是永远不能磨灭的，所以他的纯洁而非常敏感的心灵需要我们最审慎的爱护。"可以说，离开了尊重就谈不上真正的教育。美国的爱默生就说："教育成功的秘密在于尊重学生。"一个不能尊重学生的教师，不可能得到学生真正的尊敬和爱戴,也不可能发自内心地热爱学生。爱学生,就要尊重学生,信任学生,把你的爱,蕴含在对学生的尊重与信任当中,而不仅仅是挂在嘴边的谈资。

身为人师,教师首先要理解与尊重自己的教育对象——学生,理解并尊重他们的追求、情感、兴趣、爱好与需要,永远记住自己的工作是因有学生存在而存在的,从"尊贵"的台阶上走下来,平等对待学生、尊重学生、信任学生。

尊重学生、信任学生是调动学生积极性的关键,也是教师教学民主作风的体现。所以教师应时刻意识到自己与学生的地位是完全平等的,而不能产生一种"居高临下"的心理倾向,更不能对学生任意发号施令或大声叱骂。

学生不是学习机器,也不是教师的附属品,而是具有独立人格的生命个体。特别是处于中小学阶段的学生,他们感情丰富,兴趣广泛,喜欢探索,同时,身心发展与社会的巨大变化给他们带来许多困惑,教师要从学生角度去理解他们,做他们的知心朋友,尊重、理解和信任他们。

教师信任学生,应该首先表现在相信他们的确是潜藏着巨大的发展能量的,坚信每个学生都是可以积极成长的,是有培养前途的,是追求进步和完善的,是可以获得成功的,因而教师才能对教育好每一位学生充满信心。

美国著名发展心理学家加德纳认为,每个人都或多或少具有八种智力(诸如言语语言智力、逻辑数理智力、视觉空间智力、音乐节奏智力、身体运动智力、人际交往智力、自我反思智力、自然观察智力等),只是其组合和发挥程度不同。每个学生都有自己的优势智力领域,全体学生都应该是具有自己的智力特点、学习类型和发展方向的可造之才！

　　苏霍姆林斯基曾说过这样一句名言："对一个学生来说，5 分是好成绩的标志，而对另一个学生来说，3 分也许是了不起的成绩。教师要善于确定自己的孩子在此时此刻能够做到什么程度。"可是事实上，我们有多少教师把学生真正当作有血有肉、富有个性的人看待！各种媒体多次报道，目前很多学生长期在考试分数上受到家长、学校、社会各方面的压力，体验到难以缓解的焦虑和冲突，最终出现厌学、逃学、拒学等心理问题。所以作为教师，要尊重学生，要给学生以人文关怀，用自己的爱与尊重感化学生！这是素质教育的需要，是时代的需要，是被应试教育压抑太久的学生心灵的呼唤！其实，许多孩子学习不好，不是智力低下，而是非智力因素——心理方面的问题造成的。教师要全面了解学生，用尊重与信任架起沟通的桥梁！

二、尊重与信任学生

　　教育界有这样一句名言："没有尊重就没有教育，没有互相尊重，教育就会变成一场发生在师生之间的严酷'战争'，一场永不休止的'战争'，一场疲惫不堪的'战争'。"真正的教育只能是在尊重、信任的基础上，师生之间彼此敞开心扉，走进对方的心里，进行精神交流和心灵对话。这样才能使每一个学生都能感受到自主的尊严，感受到独特的存在价值，感受到心灵成长的快乐，每时每刻沐浴在人性的光辉里。

　　苏霍姆林斯基说："儿童的尊严是人类最敏感的角落，保护儿童的自尊心，就是保护儿童前进的潜在力量。"儿童如此，中小学生也是一样。中小学生的自尊心也是非常脆弱的，对它"要小心得像对待玫瑰花上颤动的露珠"一样。现在的学生多是独生子女,自尊心较强,他们往往要求独立自主,而不喜欢别人过多的管教。教师如果忽视学生的自尊心,往往事倍功半。因此,教师必须摈弃陈腐的"师道尊严",摈弃那种高高在上的权威姿态,要把自己放在与学生平等的位置上,采取对话的方式,与学生进行积极的交流、沟通,做学生的知心朋友。只有这样,学生的心灵才能为你敞开。

在教育教学实践中,教师应"视徒如己,反己以教",不仅以自己高尚的师德、渊博的学识、精湛的教艺、丰富的人文素养以及浓厚的人格魅力来赢得学生的喜爱和敬仰,更应以自己尊重学生、相信学生、赏识学生、关爱学生的教育教学行为来赢得学生的尊敬和爱戴。

那么,教师该怎样表示自己对学生的尊重与信任呢?

1. 教师对学生的学习成绩要抱有合理的期望

适当的期望是学生健康成长的积极因素,也是学生努力上进的激励力量。而期望目标过高或过低都无法调动学生的学习主动性。许多教师不了解学生的心理需求,他们关心的只是学生的学习成绩,从不关心学生心里想什么,只会在学生考试成绩不好的时候采取粗暴的态度,从而导致学生厌学、逃课等极端行为。因此,教师要根据学生各方面发展情况,给学生提出个性培养的目标,既要有挑战性,又有可行性,让学生怀着成功的希望去努力学习。

每一个合理的期望都应该意味着教师对一位学生能力的信任,都意味着教师对每一位学生的负责。

2. 教师要保持自身良好的心态来对待学生

教师要以平常心对待每一名学生的考试成绩,以亲情化解学生对考试的焦虑、紧张和烦恼。要为学生创造一个温馨、平和、宽松的心理空间，鼓励学生："只要你奋斗，你就行。"在学生考试没考好时，不要责备孩子，而应与学生一起分析问题出在哪里，并鼓励学生："别人能做到的你也能做到。"促使学生以自信和成功的心态去克服学习上的困难，争取学习的胜利。教师要注意的是，对于任何一个学生，教师都不能抱有放弃或者不管的心态，即使学生的成绩不好，教师也应该尊重他的人格，信任他的能力，只要在教师的指导下，他依然能和别人一样优秀。

3. 教师要学会发现学生的长处

教师必须尊重与信任学生，要看到学生的长处，看到学生的发展变化，欣赏他们，以他们为自豪，让他们愉快地学习。对于学生的缺点，要耐心教育，对事不对人，要学会在不伤害其自尊心的情况下，鼓励学生自己改正。要尊重学生的人格，尽量不在众人面前数落学生的不是，特别在批评学生时，应注意自己的语言。要学会发现学生的点滴变化，赏识学生的正向变化，不仅是思想品德、学习成绩的变化，更应看到学生的学习态度、学习毅力的变化。要多角度、全方位赞赏学生的长处，尽可能为他们的进步找到新的生长点。

教育事例二：

最近，李响好像变了一个人：原本在课上好像浑身爬满了蚂蚁，总要动个不停的他，现在居然也能坐得端端正正；以前作业中错误百出的他，现在两次验收居然都能过关；特别是以前根本就听不进老师、同学劝告的他，现在居然也能知错就改……

究竟是什么原因促使他发生了这种转变的呢？冷老师把他叫进了办公室。"老师，你还记得上周五在路上，你把家中的电话号码给我的事吗？"经他提醒，冷老师才想起来：上周五，在去教室的路上，冷老师接到了母亲的电话，她说胃痛得厉害，冷老师不放心，急于想回家看看，但又怕班上有事。正在犹豫不决的时候，忽然看见李某正在路上走，（其他同学当时肯定都已到班了）冷老师就把他喊了过来，要他帮冷老师看着班上的情况，如果有事就往冷老师家里打电话。其实冷老师以前也经常找他，不过都是为他违纪或成绩差的事，对他的态度自然也好不到哪儿去，所以冷老师刚喊他的时候，他还吃了一惊，以为又要为拖拖拉拉的事批评他了。等知道是让他办这事时，他立刻高兴得答应了。冷老师根本没把这件事放在心上。冷老师以前也让不少学生帮自己办过事，不过他们都是值得冷老师信任的好学生。

"老师，你知道吗？当我知道你叫我不是要骂我，而是让我帮你看班时，我心中有多么激动！我感到自己在老师心里并不是一无是处，老师还是相信我的，他把这么重要的任务交给我，我能让他失望吗？我能辜负老师以前对我苦口婆心的教育吗？"

没想到，冷老师无意中做的这件事所超的作用居然超过了以前那么多次的训斥。这就是信任的力量吗？冷老师不禁感到内疚，多可爱的学生啊！可老师以前是怎么对他的呢？违纪了，喊到办公室就是一顿训斥；成绩不达标了，又免不了一顿批评。使得他看见老师心里就紧张，在这种心理状态下，成绩能提高得快吗？

每当教师在责怪学生时，在为学生的成绩火冒三丈时，在学生与自己对着干时，教师应该冷静的想一想：我信任学生了吗？我对他表达信任了吗？我尊重学生了么？

曾经有这样一件事：

有人曾经这样问："婴儿为什么会在人多的场合哭呢？"不同的人有不同的看法：因为太吵了，因为婴儿想要引起他人的注意，因为婴儿饿了……

真正的原因是什么呢？一个心理学家为了了解真正的原因，他特地蹲下来，从婴儿的位置来看世界。他发现婴儿没有办法看到别人的脸，只能看到大家的腿。在经过认真研究后得出结论：原来，婴儿的啼哭是因为他没有与大人平等相待，没有得到大人的尊重。婴儿都需要他人的尊重，何况于学生呢？

尊重学生、信任学生吧，它会产生你意想不到的效果！尊重学生可以让学生从自卑中找到自信，相信学生可以让学生从失望中看到光明，甚至可以因此而改变一个学生，改变一个学生的一生。

每个人都渴望被尊重，被信任，作为教师，怎样营造一个尊重与信任的环境，让学生在学知识的同时培养良好的自尊与自信？值得老师们深思。

第四节　学会关爱学生

一、关爱简述

教育事例一：

严越是一个表现确实不那么让人满意的初中住读生，上课他不认真听讲，与同学相处关系紧张，不时殴打同学，夜晚翻围墙跑到外面买东西吃……杨老师是他的班主任。对待他，杨老师不是嫌弃而是关心，不是呵斥而是循循善诱的引导，不是迁就而是严格要求。他们通过日记，在师生间碰撞心灵的火花，弹奏出爱心的交响乐。

下面让我们通过严越的一则日记和杨老师的批语，寻找出他转化的答案,同时也获得一次爱心的享受吧!

他的一则日记是这样写的:

"生命是人最宝贵的,人的生命只有一次,人不要为了一件小事而失去了生命,人的一生要高高兴兴地过。"

他在日记附言中写道:

"杨老师:谢谢你的爱,我会记住您的爱去奋斗,去管好自己,去管好班级。是您改变了我的心。我在我原来的学校,算是一个差的学生。在这里,是您改变了我,给了我信心。现在我是一个好学生了,不像以前那样了。在这里,我真心的说一句:'I love you!'谢谢您,杨老师!"

然而,这位付出了爱的老师,他的心似乎比学生的内心还要激动。他在严越日记后面的批语是:

"你是活生生的生命,美好的生命,正是处在生命中的花骨朵。我相信未来的你将会结出光灿灿的硕果,因此对你像对待我的孩子一样(甚至超越我的孩子),生怕伤害了你,总是千方百计地呵护(保佑)着你,连梦中都喊着你的名字。"

"子曰:爱之,能勿劳乎?忠焉,能勿诲乎?"

"我也谢谢你!感谢你对我的信任,把我看作可敬可爱可亲的人!"

"你也给了我一个战斗在教育战线上41年教龄的老师的支持和力量,我在你身上看到我自己年轻了,还没有失去昔日的风华,我还能为祖国的下一代做点工作。请你也分享我最大的欢乐——我将继续毫无保留地贡献出自己的精力、才能和知识,在你的精神成长上取得最好的成果!"

读了上面的日记和杨老师的批语,的确令人感动。这不是一般日记，短短 42 个字，但却是对生命的呼唤！杨老师的批语也非一般的批语，是一篇超长批语，是一篇对爱的奉献！

在爱的光辉的照射下，严越确实变了，他的心里明亮了。施爱与受爱，在这样一个过程中，孩子的思想、品德、情操得到了熏陶，获得了飞跃。

如果教师能引导学生用一种博大的爱去感受各种关爱，学会感受父母的关爱，表达对朋友的关爱，对长辈的关爱，对普通人、特别是对周围的弱者的关爱，对民族文化、国家的关爱，那么，教育中的人性美、人情美便能得到最大的体现。如果说，成功的教育是塑造健康人格的成功，是培养优秀品质的成功，那么，这就是成功的教育。

关爱是一种能力，而不是对象；关爱是一种主动行为，它包括了解、照顾、责任。爱心教育是以心换心的教育，是没有任何个人欲望的奉献，也是最讲究方法和策略的教育，是科学与人性的最佳结合。

一位教育家曾经说过："关注的爱是最好的教育。"它是天气突变时注意增减衣物的温柔叮咛，是雨天里默默递上的一把伞，是给他们细心包扎被刮破摔伤之处时那一脸满含疼惜的表情，是和他们谈话时轻柔地抚摸着小脑袋或是替他们扣好不知何时松开的那颗扣子的细微动作，是发现他们某天早晨没能吃上早餐时悄悄递过去的还带着余温的面包，是在他们遇到困难时那一个满含鼓励和期待的眼神，是课堂上经过他们身边时仿佛不经意地弯腰俯身轻轻为他们捡起的笔和纸，是在他们取得进步和成绩时那充满赞许的微微一笑和竖起大拇指，是他们遇到不幸时为之付出的帮助和真诚的泪，是利用业余时间为他们精心制作的生日礼物……不需要太多的豪言壮语，无声处自有真情。

苏霍姆林斯基曾说过："孩子们对教师冷若冰霜不动感情的态度和冗长的说教，对他们总是想站得比孩子们高一头，而不为他们的事情动心的态度是从来不谅解的。"只有关爱才能温暖师生间的隔膜。关爱的情感犹如师生之间架起的一座桥梁，又如涓涓细流，进入学生的心田；它像一场春雨，能滋润干枯的荒漠，萌发一片绿洲。

教师的关爱是一种无私奉献。著名教育家陶行知先生说过："捧着一颗心来，不带半根草去"，这就是教师的无私奉献。教师对学生的关爱，是一种发自内心的关爱，是一种高层次的关爱，是一种无私的关爱，是一种圣洁的关爱。这种关爱是开启学生心灵的钥匙，是激励学生奋进的动力，是师生情感相融的接触点，是学生信任、爱戴教师的基础。它能使自卑的学生恢复自信，能使迷茫的学生找到方向，能使鲁莽的学生变的文雅，能使上进的学生更有目标。真心实意地关爱学生，师生之间就会有着和谐的情感交流，学生就会信任教师，尊敬教师，有事就会喜欢找老师商量，有烦恼就会愿意找老师倾诉。一个教师，也只有深爱自己的学生，才能赢得学生的尊敬、信任和爱戴，才能使学生真正亲近你、走近你，愿意和你说心里话。才能"亲其师，信其道"，达到教书育人的目的。

二、学会关爱

在教师的教书育人的工作中，师爱是做好所有工作的前提。师爱不仅是教育的前提和基础，还能引起学生情感的共鸣，是学生接受教育的桥梁，所以关爱学生是教育获得成功的基础。师生之间的关系和谐了，教师的工作就可以事半功倍了。那么，教师应该从哪里入手，真正去关爱学生，去感化学生呢？以下几个方面可供教师

借鉴:

1. 关爱学生要求教师树立"以人为本"的教学理念

现代全新教育理念,倡导"以人为本",把学生的发展成长放在首位,以学生自由、充分、全面、和谐的发展教育管理作为学校教育的基本价值取向。在教师日常工作中,教育教学的一切出发点都应是为了学生,为了一切学生,为了学生的一切。以此为出发点和终点目标,实现学生个体价值与社会价值的统一。教师在开展的各项工作中,应把学生的健康成长真正放在首要位置,要把学生放在"人"的位置上,而不是把学生作为支配的、轻视的对象。

教师要改变过去工作中无视学生的人格尊严,工作粗暴简单的错误作法,彻底改变观念。老师要与学生处在平等理解的情境下,让学生在心灵的沟通与碰撞的良好师生关系中,相互尊重、相互信任,愿意接受老师的教育和帮助,从而提高班级的凝聚力,改变班级的精神风貌。只有这样,才能让学生真正感受到宽松和谐的气氛,感受到自己的意义和价值。

2. 关爱学生要求教师做好德育的典范

教师的关爱是一种人情美、人性美,是一种宽容、一种理解、一种尊重,是对学生最好、最形象的教育。教师要提高自己的道德素养,发自内心的关爱学生。

教师是学生心目中最美的偶像。学生具有向师性的特点,教师在学生眼中是神圣的,他既是成人社会的代表,也是是非善恶的标准;既是学生崇拜的偶像,也是学生监督的对象。所以,教师要用自己美好的师德形象影响教育学生,要不断加强道德修养,培养坚韧的道德意志,在激烈的道德冲突面前果断地、义无返顾地做出正确的道德选择,并形成良好的道德习惯,做知行统一、言行一致的模范。当学生发现美德就在身边,而不是一句空话时,就会坚定不移地吸收过去,成为他做人的财富。

3. 关爱学生意味着对学生负责

教育事例二:

大山里的"教书妈妈"刘霞,从花季少女到年近半百,她在大山里从事了25年的教育事业,她把青春无私奉献给了大山里的孩子们。她像一个母亲一样关爱着她的学生,为了每一个孩子都能上学,她走过无数弯弯曲曲的山路,到孩子们家里做家长的思想工作,为了给生病的学生补课,风里来雨里去从未间断过。2010年,她被评为"中国十大杰出母亲"。

是什么使得她这么出色,是对学生的关爱,是凭借对学生负责的态度,是责任心使然。

关爱学生意味着对学生负责。对学生负责要求教师对全体学生负责,公正平等,一视同仁,热爱每个学生,从每个学生的不同特点出发,全心全意教育好学生;对学生负责要求对学生全面负责,既关心学生的生活、健康、品德和习惯,又关注学生的学业、情感、态度、价值观。只要有责任心,心中装着学生,学生心中也会装着老师的,老师对学生真心地付出了,学生对老师也会给予回报的。

4. 关爱学生意味着了解学生

要想教育好学生,教师首先要了解学生。正如陶行知先生说过的:"一个教师不懂孩子的心理,孩子的问题,孩子的困难,孩子的愿望,孩子的脾气,如何能教小孩?"假如教师没法了解学生,对自己教育的对象都很茫然的话,就跟瞎子摸象一样。因此,作为教师,要充分认识和了解每个学生的个性,探知他们各自不同的内心世界。

中小学生正处于生理、心理高度发展的特殊时期,教师必须了也服了一些药，但根本没有效果。龙威拒绝去学校，在家里的脾气也越来越大，常常往母亲身上泼墨水。在心理辅导老师的开导下，他才说出了心里的"秘密"。作为英语成绩差的学生，他一直受到英语老师的歧视：上课和成绩好的同学说话，老师只会狠狠地批评他；回答不好问题，罚站一节课；背不出单词，抄写1000遍。老师多次有意的惩罚让他产生了极大的厌恶，生理上也不自觉地出现一些反应，一上英语课就头昏、呕吐，严重时一进学校就抽搐。

在阅读过上面这两个案例之后，相信教师都会产生疑问，为什么一个看似身体上没有什么障碍的学生，会产生这种错误的焦虑心理呢？这种焦虑心理到底又来自何处呢？这种焦虑心理又会给现在的学生们造成什么样的危害呢？那么，接下来就先谈一谈焦虑这种情绪。

所谓焦虑，是由紧张、不安、忧虑、担心和恐惧等交织而成的一种复杂的情绪状态，是人们在生活环境中预感到一些可怕的，可能会造成危险或需要付出努力的事务和情境将要来临时，感到身单力薄或因某些阻碍，自己无法采取有效的措施来预防和解决的情绪状态。焦虑的源泉，一是来自外界，二是来自自身。中小学生的焦虑一般是先天素质和后天经历与情景相互作用的结果，且后天的因素起主要作用。学生的焦虑通常是非病理性焦虑。焦虑的产生不一定需要明显的外部刺激，也可能是学生通过认知判断，预料到模糊的危险刺激，对自己产生威胁而又无应付能力时产生的情绪反应。一般情况下，焦虑情绪中想象的威胁成分要多于真实的威胁成分，焦虑时往往夸大威胁的严重性。

中小学生都在承受着各种各样的压力，都或多或少地处于某种紧张状态之中。有时紧张是情境性的，如考试时感到紧张，考试后很快松弛下来；有时紧张是持续性的，即在较长的一段时间内处于紧张状态，如不良的人际关系等。其实，适度的紧张是有利于身体健康和学习效率提高的，但是过度紧张对人的身体是有害的，是影响正常的学习和生活的。

焦虑是学生较常见的一种心理问题。主要表现在对外界细微的变化过于敏感，烦躁不安，担心害怕，感情脆弱。这类学生还时常伴有睡眠及身体障碍，如做恶梦、讲梦话、恶心呕吐、食欲不振、腹痛及多汗、头昏、乏力等身心症状。

二、焦虑的形式

焦虑在广大中小学生中出现，已经不是特例，逐渐成为一种普遍存在的、令学校和家长担忧的问题。作为老师和作为孩子监护人的家长双方，要想进一步了解孩子的焦虑问题，仅仅是停留在焦虑是什么的基础上是远远不够的，下面我们来看看困扰着学生的焦虑有哪几种具体的形式。

1. 素质性焦虑

产生这类焦虑的学生，有的往往是神经系统发育不健全或受到损伤，对外界环境的变化反应过于敏感。有的则是父母本身具有焦虑的表现，给孩子"模仿性"的影响，因为本身父母就是孩子最好的老师，父母的一言一行都在时刻潜移默化地影响着自己的孩子，不仅如此，如果父母没有意识到自己的焦虑心理，反而对孩子的焦虑表现出更加焦虑的反应，这样就会造成恶性循环。

2. 境遇性焦虑

当学生在没有准备的情况下，遭遇突发性事件，如父母突然死亡、离异，遇到意外事故、灾害等，学生心理承受不住，整天担心在人际交往中，容易产生情绪的紧张和焦虑。

3. 适应困难

学生从小学进入初中，从初中升入高中，学习生活的环境、人际关系、学习内容和方法等都发生了很大的改变，如学生不能尽快适应新的环境，就会感到焦虑、忧愁和烦躁。同时，社会的变革与发展所出现的各种新情况，也会对学生产生影响。

4. 人格因素

某些不良的人格特点容易导致焦虑的产生。乐观、果断、积极的学生焦虑情绪较低，消极、犹豫、自卑、情绪不稳定、依赖性强的学生较容易产生焦虑情绪。

5. 青春期影响

由于青春期的出现，中学生对自己的体象、生理、心理变化会产生神秘感，甚至不知所措，从而出现恐惧、紧张、羞怯、孤独、自卑、敏感、烦恼、情绪不稳定等青春期焦虑症的表现。

中小学生的焦虑产生的原因，有些是其中之一在起作用，有一些则是几种原因共同作用，这类学生的心理焦虑问题会表现的相当严重。为了防止更多的学生产生焦虑，为了使那些已经产生焦虑心理的学生有一个健康的心理，学校和家长应须携手合作，根据不同学生的特点，因人而异，采取适当的措施，共同为孩子营造一个良好的成长氛围，养成学生健康的心理。

四、焦虑的辅导策略

学校和家长的合作，不能盲目进行，必须形成一定的体系，这样才能收获意想不到的效果，让学生早日摆脱焦虑心理的阴影，走向阳光明媚的生活。那么，对于学生的焦虑情绪该如何辅导呢？

1. 做好早期预防工作

焦虑很少有天生的，这就意味着学生的焦虑是可以预防的。有焦虑问题的学生，其心理问题主要来自早期经历所结下的症结，对环境的适应能力，对外界压力的承受能力，面对困难的耐挫能力是后天形成的。因此，家长、教师要掌握科学的教育方法，决不能走入误区。例如，要营造一个和谐欢乐的家庭气氛，建立互相尊重、民主的家庭关系。要有意识地训练孩子自我调节情感的能力，从小养成热爱劳动、自理生活的能力，通过孩子的生活、学习、劳动培养他们勇敢、坚毅、沉着、果断的意志品质。家长、老师对学生要减少一点溺爱与呵护，从小抓起孩子的挫折教育，要让他们在逆境的搏斗中提高应付逆境、承受挫折的能力。这样就会减少孩子产生焦虑情绪的几率。

2. 创设宽松环境

情绪是可以传染的，宽松的环境有利于减少学生的心理压力，消除学生的焦虑情绪。

从家庭方面来看，家长不要将自己的意愿和要求强加在孩子身上，不要向孩子提出过高的目标，适当的要求有助于孩子成长，但不切实际、过高的目标容易使孩子产生无能、无助、沮丧、紧张的感觉。家庭的完整、和谐、民主、教育的一致性会降低孩子焦虑感产生的几率，因此，家长要注意引导孩子更好地适应社会环境的变化，降低甚至消除由此产生的紧张感和不利影响，家长乐观自信、心胸宽阔、遇事冷静的榜样作用，对孩子避免焦虑情绪对自己的影响也是很重要的。

从学校的角度来看，学生心理环境受他们生存的社会环境的影响，创造一个良好的社会环境有利于减少学生焦虑症的发生几率。

就学校方面来说，要力求减轻学生过重的学习负担，避免造成学生长期处于高亢奋、极度紧张、过度疲惫的精神状态。要减少不必要的考试，使学校的考试规范化，对学生成绩的评定方法可进行适当变革，更不能将每次学生成绩张榜公布，从而引起学生情绪上的强烈反应，造成心理失衡，出现恐惧和害怕的结果。学校要加强优良班集体建设，营造一个团结和睦、互助互爱的人际氛围。老师要关心和爱护每一名学生，对学生的教育方法要科学，对学生的要求和标准不要期望过高，以免学生时常在学习上产生挫败感，对自己产生疑虑感，诱发学生的焦虑情绪。学校要科学安排学生的学习时间，积极开展丰富多彩的文娱体育活动，促进学生的身心健康发展。

学校减少学生焦虑产生的几率，营造宽松环境的方式主要有：避免将考试作为唯一评价学生的标准；教师要重视教学的有效性和质量，运用灵活多样的教学方法，引导学生积极主动地参与教学活动；在强调学生全面发展的同时，还要注重学生的个体差异等。

3. 加强学生健康心理培养

对于具有焦虑症反应的学生，首先要为他树立正确的人生观和世界观，摆正外部世界和自我个体的关系，要帮助学生正确了解自我，正视现实，帮助学生全面客观、冷静地对待自己所遇到的困难和挫折。鼓励他述说内心的不安和焦虑、缓解压力。通过暴露内心的困苦和恐惧，释放他长期以来被压抑而积累起来的心理疾苦。要帮他分析产生焦虑心理的根源，指出产生焦虑心理的积极方面和消极方面，从而使他能正确了解自身的心理活动。同时，帮助他调整和完善自己的认知结构，指导他逐步营造良好的心境和掌握防御过度焦虑心理的方法。通过长期的调整逐步排除诱发焦虑产生的因素，增强克服焦虑的能力，学生就能从焦虑症的阴影中走出来。家长、教师要共同指导学生掌握面对和处理心理压力的方法与技巧,提高他们对外界环境的适应能力和应对水平。

4. 要做好学生心理健康的调查、研究、疏导工作

学校要定期开展对学生心理健康的调查工作,建立学生心理健康档案。除对学生中普遍存在的心理问题进行教育以外,对于个别存在严重心理障碍的学生,要重点进行心理疏导,尤其是对患有焦虑症的学生还要给予必要的指导。当焦虑症急性发作时,要帮助他放松情绪,调整呼吸,转移意念,暂离焦虑产生的情景和场所。为了使患有焦虑症的学生经常得到心理上的救助,老师和学生可以结对帮教。学校要经常性地开展心理咨询活动,为患有焦虑症的学生们分析原因,提供方法,帮助他们摆脱困境。

5. 教师要掌握科学的调节方法

缓解和消除学生的紧张、焦虑的情绪,减轻痛苦体验和不安心境,在具体操作方面,教师可以应用下列的方法:

(1)认知矫正,就是通过指导学生觉察自己不合理的思想观念、态度,并通过自我质辩、假设最坏的可能性、角色互换等方式,形成合理认知的辅导方法。由于学生认识水平的限制,往往会产生认识上的偏差和不足,容易出现某方面认识的夸大或缩小,教师帮助学生对问题进行全面分析,提高他们的认知能力,焦虑感也就消除了。

(2)行为矫正,经常采用的方法是放松训练法和系统脱敏法。情绪的焦虑往往是与身体的紧张程度密切相连的,如果身体放松了,情绪也就放松了。行为疗法主要是通过心理暗示、主观想象、肌肉放松等手段达到身体的放松,从而缓解焦虑情绪。

(3)活动疗法,就是转移焦虑学生的注意力,如帮助学生制定一个有意义的计划,让他们全身心地投入其中,努力去完成计划或

实现目标。当学生沉浸在自己感兴趣的活动中时，就没时间焦虑了。

（4）支持性疗法，就是通过认识上的分析、解释，情绪上的支持、理解，减少、消除学生对已发生或将要发生事情的过分担忧，增强他们的自信心，激发再接再厉的勇气，从而缓解焦虑情绪。

焦虑情绪是学生的多发情绪之一，家长、教师对学生的情况要及时关注、及时引导。

第二节　抑郁的辅导

一、抑郁简述

教育事例一：

随着学习环境的转变，曾经也许是学校的佼佼者，但是当进入一个新环境后，面对新的人、新的事、新的挑战，并不是每一个人都能像以前一样，是所在学校的骄傲，林静同学就是一个例子。她以所在学校第一名的成绩考入某重点高中，第一学期末，本来踌躇满志的她，凭着自己曾经的第一，准备再次折桂，但却未能如愿，只进了年级的前50名。从此，她受到严重的打击，情绪一落千丈，变得郁郁寡欢，无心学习，觉得自己面对着这么强大的竞争，而且这次的失败，就已经证明了自己不如他人。与此同时，她也无法处理好与同学的人际关系，还整夜失眠。最后不得不去医院精神科检查，结果表明她患了抑郁症。

教育事例二：

几天前，初中女生杜雪离家出走的时候留下了一封信。她在信中说："人生真是没有意思，就像一场无聊的游戏，生活总是那么空洞，他们整天让我好好读书，不知道最终能有什么用。老师教我们的东西又都是那么无聊透顶，我也不知道我到底想做什么，就是很烦很烦……"

拿着这封信，她的母亲异常伤心，自己也不知道为什么会是这样的结果。她对女儿百依百顺，要啥给啥，从不敢大声呵斥。但是，女儿对母亲和父亲从来都是爱答不理，回家之后，不和任何人说话，一个人看电视，或者干脆就把自己关在房间里。

杜雪的父母说，此前，他们也曾经尝试带她去看心理医生，但都被她大闹一场而结束，接下来的几天里，无论怎样她都不和父母说话。她也没有什么朋友，周末或者放假，她甚至可以很多天呆在家中哪儿也不去。

在今天这样物欲横流的社会，在这么喧嚣的城市当中，我们追求安静是好的，有时候我们需要一个人独处的空间，想想自己的事。但是，这样的安静也是有度的，过于把自己放在一个狭小的空间里，失去与外界的交流，我们渐渐会产生抑郁的情绪，使我们越来越不乐意与人沟通与交流，就独自生活在自己的那片小天地里。这种现象在中小学生中表现得尤为明显，案例中的两个小主人公就可以说已经形成了抑郁的不良情绪。

抑郁是一种由持续的心境低落、悲伤、消沉、沮丧、不愉快等综合而成的情绪状态。学生的抑郁情绪多是由学习、生活中的各种烦恼造成的，有时也可能是生理因素所致。抑郁状态可能是暂时的，也可能是持久的、相对稳定的。当抑郁达到了一定的程度，则会形成医学上所说的抑郁症，患有严重抑郁症的人，可能会出现自杀的念头和自杀的行为。因此，可以说抑郁一定程度上关乎学生的生命安全，对于有抑郁倾向的学生，家长、教师不能再让他们放任自流，必须加以引导，使之回归到正常的心理之路上来，否则，会严重影响他们的健康成长。

二、抑郁的主要表现

对于学生而言，抑郁是一种危害严重的心理障碍，要想摸清抑郁产生的根源，就要先了解抑郁在学生心灵上都有哪些表现：

1. 坦途无悦

有时候，学生面对达到的目标、实现的理想、一帆风顺的坦途，并无喜悦之情，反而感到忧伤和痛苦。如考上重点高中却愁眉苦脸，心事重重，想打退堂鼓。有的在高中学习期间，经常无故往家跑，想休学退学。

2. 似病非病

因为产生抑郁问题的学生一般年龄较小，不会表述情感问题，只说身体上的某些不适，如：有的孩子经常用手支着头，说头痛头昏；有的用手捂着胸，说呼吸困难；有的说嗓子里好像有东西，影响吞咽。他们的"病"似乎很重，呈慢性化，或反复发作，但作了诸多医学检查，又没发现什么问题，吃了许多药，"病"仍无好转迹象。因此抑郁的他们看似有病，却又不是真正的病，其结果是郁郁寡欢始终如影随形。

3. 不良暗示

不良的暗示主要表现在两个方面：一是潜意识层面的，会导致生理上的障碍。如有抑郁问题的学生一到学校门口、教室或某些场所，就感觉头晕、恶心、腹痛、肢体无力等，当离开这个特定环境，回到家中，一切又都正常了。二是意识层面的，专往负面去猜测、去想。如有抑郁问题的学生自认为考试成绩不理想，自认为自己不会与人交往，自认为某些做法是一种错误，甚至是罪过，给别人造成了麻烦，自认为自己的病可能是"精神病"，如果真的是"精神病"该怎么办，等等。

4. 要换环境

可能在学校或其他场所发生过一些矛盾，或者根本就没什么原因，有抑郁问题的学生便深感所处环境的重重压力，经常心烦意乱，郁郁寡欢，不能安心学习工作，迫切要求父母为其想办法，调换班级、学校等。当真的到了一个新的班集体、新的学校，有抑郁问题的学生的状态并没有随之好转，反而会另有理由和借口，仍认为环境不尽如人意，并且反复要求改变。

5. 反抗父母

有抑郁问题的学生在童年时对父母的管教言听计从，到了青春期或走上社会后，不但不跟父母沟通交流，反而处处与父母闹对立。一般表现为不整理自己的房间、乱扔衣物、洗脸慢、梳头慢、吃饭慢、不完成作业等。较严重的表现为逃学、夜不归宿、离家出走、跟父母翻过去的旧账（童年所受的粗暴教育、父母离异再婚对自己的影响等）、要与父母一刀两断等。

6. 自杀行为

有严重抑郁问题的学生利用各种方式自杀。对自杀未果者，如果只抢救了生命，未对其进行抗抑郁治疗（包括心理治疗），有抑郁问题的学生仍会有再次自杀的行为。因为这类自杀是有心理病理因素和生物化学因素的，有抑郁问题的学生并非心甘情愿地想去死，而是被疾病因素左右，痛苦而身不由己。

三、不同时期的抑郁症

抑郁不仅表现各异，而且由于学生所处的年龄阶段不同，抑郁症有时不好确定，而且许多小孩子也可能会患有抑郁症。

一些家长和老师以为，抑郁症只是现代社会中大人们易患的疾病，自己的孩子还是学生，怎么也得了这种病呢？其实抑郁症不分年长年幼，这些年更趋向低龄化，在大、中、小学生中都较为多见，而且又各有特征，与非病理情绪行为具有相似性，往往令人难以分辨。家长、老师及非专业人员，如果发现孩子有下列情况，并持续了一定时间（三个月以上），脑子里就该多一个问号：他们是否患了抑郁症？

（一）儿童抑郁症

主要见于小学生，年龄范围在 7 ~ 12 岁之间。诱发因素有：在学校受到某些小挫折和委屈，听见父母吵架，有的女生发病在月经初潮阶段等。

特殊表现：

1. 情绪悲伤

变得经常哭泣，产生一些奇怪的念头，如"妈妈不要我了"、"老师不喜欢我了"、"没选上班干部"、"没得到小红花"、"我以前做过某某些错事"等，有时会突然说出"活着有什么意思，死了算了"这种不着边际、令人费解的话来。

2. 行为退缩

较长时间不去上学，对学校有种说不清理由的回避。无论家长怎样做工作，孩子仍举步维艰。有的孩子也为耽误课程着急，答应明天一定去上学，但到时还是不能去。

3. 抑郁躯体化

孩子变得体弱多病经常诉说头痛、胸闷、腹痛、不愿进食等状况，作检查没发现什么问题，按躯体疾病治疗或吃些补养品也不管用。

（二）少年抑郁症

见于初中学生，年龄范围在 12－16 岁之间。诱发因素有：自尊心受挫，家庭教育方式不良，父母离异，痴迷上网等。

特殊表现：

1. 过分自责

当一两次考试成绩下降，别人超过自己时，就持续郁郁寡欢，脑子钻进"自己很差，以后周围的人会瞧不起我"的牛角尖中，任凭家人怎样劝说，始终不能从痛苦中走出来。

2. 情绪偏激

经常发脾气，见什么都烦。吃喝拉撒睡等生活节奏变得缓慢而杂乱无章，无论家长指出的对否，总是以对抗的姿态加以反驳。

3. 心理闭锁。

变得孤僻，无言无语，一回到家就把自己关在屋子里，不与家人谈话交流，其内心想些什么，为何这样，说也说不清楚。

4. 节食减肥

开始注意自己的身体，原本体重正常却偏要减肥，每日三餐小心谨慎，斤斤计较，当减到面黄肌瘦，甚至无法正常学习时也不停止自己的行为，抑郁与厌食形成恶性循环。

（三）青年抑郁症

高中生和大学生中较多，年龄范围在 17～23 岁之间，高中生抑郁症的诱发因素有高度紧张的学习气氛、睡眠不足、单调枯燥的生活方式等。

特殊表现:

1. 学习障碍

记忆力下降,反应迟钝,注意力不集中,老走神,有时一片空白。平时会的知识,有时觉得什么都不会了,大考成绩比平时测验差得多,情绪越来越悲观,学习成绩滑落越来越大。

2. 过分猜疑

脑子里经常想着同学在模仿自己,背地在议论或谩骂自己,他们的举动是在向自己挑衅等。认为自己的眼神不正常,不敢抬头见人,说话低声下气,甚至认为自己或家人被监控。

3. 躯体感觉异常

把正常的生理状态当成病态,每天大部分精力用在想"病"的严重性上。如反复说自己鼻子呼吸有声音,嗓子里有东西,肚子老是跳,脚脖子凸出一块,到医院反复检查,无论医生怎样解释,他们仍坚持己见,含泪不停诉说这些痛苦。

四、抑郁问题成因

面对中小学生抑郁心理的表现,作为老师和家长,担心则随之产生。学生之所以会产生如前所述的"似病非病、反抗父母、自杀行为"等表现,究竟是什么因素在作怪呢?其实主要有两点因素。

1. 个体内部因素

心理发育不良是产生抑郁情绪的基础。中小学生由于心理发展还没有成熟,缺乏相应的社会经验,看问题容易片面、极端,不能全面、系统、客观地反映现实,对现实世界的认识和评价容易出现偏离或歪曲,形成非理性思维,过多地从负面因素考虑问题,对挫折体验往往进行内归因，过于自责，自主性低，依赖性强，自尊心差，看问题存在悲观、消极的心态。这些都是产生抑郁情绪的个体因素。

2. 外部因素

在家庭方面，很多学生为了不辜负家长、老师的期望，不顾自身的实际能力，背着沉重的心理压力，努力地学习，每当在学习上遇到挫折时，内疚感就变得尤为强烈。而且家庭环境紧张的学生，也会更多地体验的是苦闷和无助。在人际方面，在人际交往中存在一定问题的学生，由于缺乏自我价值的体现，常产生自我贬低的情况。

另外，现在的学生多是独生子女，缺乏挫折的体验，如果面对突发事件，他们往往无法应对，因此，难免会产生一些抑郁情绪。

五、抑郁问题的辅导策略

作为老师和家长，都致力于一个共同的目标，就是希望孩子能够健康的成长，希望孩子开心、快乐。既然已经对抑郁有了了解，就应该及时的采取策略，帮助孩子纠正抑郁的不良心理。那么，该从哪些方面入手来解决这个问题呢？家长、教师可以参考如下几条建议：

1. 改变认知观念

抑郁是由情境不合理的评价造成的，家长、教师要根据学生的身心发展特点和认知发展水平，现有的认知方式与特点，帮助他们改变认知观念，引导他们客观、准确地评价事实，及时、恰当、有效地调整个体的期望水平，使之符合自身的实际情况。

2. 增强成就感

有抑郁情绪的学生，多是在学习、生活中体验到过多的挫折，从而变得悲观失望。家长和教师要为这些学生多创造成功的机会，让他们体验成功的喜悦，增强自信，尽量消除挫折与失败所带来的负面影响。

3．改善人际关系

良好的人际关系可以使学生在面临挫折时获得他人的支持、帮助与安慰，有效地避免抑郁情绪的产生和发展。尤其是同伴间的沟通交流，对防止抑郁的产生和发展有着积极的作用，共同的学习、生活会使他们遇到共同的问题，相互间的交流不会使他们产生"孤独感"，更易于找到解决问题的方法，也会增强学生的归属感和安全感。

4．完善人格的培养

良好的人格可以减少抑郁情绪的产生。因此，要帮助学生树立豁达的人生观，增强学生的耐挫力，让学生保持愉悦、平和、乐观、开朗、进取的心态，用平常心来看待自己和他人。

总之，抑郁是影响学生心理健康和人生发展的重要因素，家长、教师必须做好孩子抑郁情绪的疏导者。

第三节　愤怒的辅导

一、愤怒简述

教育事例一：

八岁的梅梅刚上小学，可大家都说她"人小脾气大"，因为梅梅动不动就发脾气。只要稍有不顺心的事，她就很难控制自己的情绪，总要拿哪个人或哪件东西来出出气。她上课迟到挨批评，回家后拿妈妈出气，怪妈妈没有早一点儿叫她起床；在学校值日时打扫卫生，地扫得不干净她怪扫帚破了不好扫，因此拿扫帚发脾气；考试成绩不理想，她生老师的气，说老师出题太怪、太难、太偏，弄得她做不出来；走路摔跤她还生路的气，怪路坑坑洼洼不平坦。总而言之，梅梅就是喜欢发脾气。而且，梅梅发脾气还有个特点，那就是怪别人不好，怪东西不中用，因而总要骂人，摔东西，把人和物当成"出气筒"，比如。考试不理想，梅梅会气得把试卷撕得粉碎，和爸爸妈妈发脾气，梅梅还会摔碗，掉杯子，甚至字写不好她也要摔铅笔，扔本子。为此班上同学给她取了外号——"脾气大王"。

教育事例二：

高中一年级男生莫北，17 岁。他是个单亲家庭的孩子，父母离异，法院判定他随母亲一起生活，但是实际上因母亲收入不高，住房条件差，他不得不随父亲生活。母亲每月提供一定生活费。莫北在学校各类涉及家庭状况的调查表中从不填写父亲姓名，仅写母亲。他的性格内向，而且在学校学习成绩一般。在班级中，他缺少朋友伙伴，常常独来独往，不愿参加集体活动。有时他上课迟到，进教室时扭扭捏捏，有些同学笑话他，他就发火。课余时间，同学们在他课桌旁边开玩笑，他就认为同学们在嘲笑他，于是独自喃喃自语，同学们打闹碰了他的桌、椅，他认为他们是故意闹的，是专门针对他。

每个人都渴望每天都能有一个好心情，不想因为一些无谓的事情愤怒、发脾气。但是现实生活中，往往没有想象的那么美好，我们总是因为一些生活中的大事或小事心情不爽，有时候发脾气甚是暴躁。生活中其实存在很多像教育事例一中的"脾气大王"，像教育事例二中的莫北，这些都是愤怒在实际中的反应。

人生不如意十之八九，不可能事事顺心，不顺心时难免怒火中烧。那么，什么是愤怒呢？愤怒有哪些危害？学生又该如何摆脱愤怒呢？这些问题都需要我们一一解答。

所谓愤怒，是个体受到威胁、外在攻击、限制、失望或挫折等任何一种刺激而引发的情绪反应。由于个人的目的和愿望不能实现，一再受到阻碍，从而逐渐积累了紧张情绪，以至于最后产生愤怒的情绪，特别是在所遇到的挫折是不合理的或是他人恶意造成的时候，愤怒最容易发生。处在愤怒甚至暴怒的状态下，人的认识活动范围缩小，仅仅指向愤怒的对象，理智分析能力减弱，不能控制自己的行动，不能正确评价自己行为的意义和后果，因而致使冲动性行为的发生，发泄过后又追悔莫及，以致遗恨终生。引起愤怒情绪的外部刺激主要是人、事或情境。学生常见的愤怒原因有侮辱、讽刺、欺骗、捉弄、阻挠、摆布、不公正对待、失败等。而愤怒的反应方式主要有直接迁怒于引发对象、转嫁到其他方面、自虐、封闭等。虽然愤怒的原因、方式、根源不同，但是每位同学都必须更正这种不良的心态，因为愤怒情绪会间接影响学生自己的身心健康。

二、愤怒的影响因素

学生在学习生活中，愤怒的情绪阻碍着学生心理健康的正常发展。学生的这种愤怒情绪反应与情绪的成熟度、自我控制能力、社会文化、背景有关。

1. 引发因素

一般来说，愤怒情绪的出现总是有一定的引发事件，一般是违反期望、违反社会规范、目标受阻、自我价值感丧失以及一些对身心造成伤害的事件。引起愤怒情绪的内容，主要是与自己学习、生活等息息相关的事情，引发的对象主要是与自己关系密切的人。

（1）对客体的评价

对同一件事情，不同的人会有不同的反应，有的人会生气，有的人不会，有的人会勃然大怒，有的人只是略有反应。个体认为事件的后果或某人的行为违反了期望或社会规范"应该是如何"的标准，是引发愤怒情绪的主要因素，可见，对客体的评价影响着愤怒情绪的产生和情绪的强弱。

（2）性别与年龄的因素

性别、年龄对愤怒情绪的产生、表现是有影响的。男性比女性容易产生愤怒情绪，也容易表达出来，攻击性行为也多于女性。随着年龄的增加，人愤怒情绪的程度也在逐渐降低，直接发泄愤怒的可能性也在减少。愤怒的持续时间也与年龄有关。

2. 认知偏差

认知偏差主要是一种非理性信念的影响。当一个人对外界刺激造成的挫折产生愤怒情绪时，常持有下列一些不合理的信念——"是你让我这样痛苦难受的"、"没有你的出现，我会生活得很好"、"是你让我感受到了挫折"等等。这些错误的认知，也是学生产生愤怒情绪的主要因素。

三、愤怒的应对态度和方法

事实上，愤怒，尤其是以不恰当的方式表达愤怒，不仅会影响人的身体健康，也会影响人的心理健康及人的社会生活。愤怒是一种比较激烈的情绪体验，在愤怒的时候，人有可能会失去理智，甚至会产生过激的表现，如果不能处理好自己的愤怒，你在伤害他人的同时，也会给自己带来不良的影响，使自己心情不畅，和他人关系紧张。那么，我们该如何看待自己的愤怒情绪呢？

1．正确应对愤怒的态度

（1）认识到愤怒是自然、健康的情绪，不必因自己有这样的情绪而紧张。

（2）是你本人对自己的情绪负责，也就是你对所发生的事情或者某人感到愤怒，而不是他人"使"你愤怒，因此，你要说"我很愤怒"，而不是"你让我很愤怒"。

（3）如前所述，愤怒与攻击不是一回事，愤怒可以有效地表达，而攻击行为则具有很大的破坏性。

要使用有效的方法来解决愤怒的情绪或情境，对自己的情绪和态度负责。认识到可能是你自己的态度引发了你的愤怒反应，不要责备和抱怨，而要想办法解决它。

由于愤怒常常是突发性的情绪反应，在所有的情绪控制中，愤怒的控制是最难做到的，即使成人也会有"勃然大怒"的时候。但是，在很多时候，愤怒无助于我们解决所遇到的问题。只有平时对愤怒有正确的认识，明白愤怒无助于问题的解决，只能使事情越来越糟的人，才能更好的解决问题。而且愤怒会被别人看成是一种缺乏修养的表现，愤怒有害于自己的身体和形象，是拿别人的错误惩罚自己。

因此，家长、教师要教会学生只有控制好自己的情绪，才能理智地把问题解决好。那么该如何控制自己的愤怒情绪或者疏导学生的愤怒情绪呢？

2．正确应对愤怒的方法

（1）提高认知能力

不断地认识、了解自己，识别什么样的态度、环境、事件和行为引发了你的愤怒，尽量明确愤怒情绪产生的原因。

一般来说，造成学生愤怒情绪产生的一个重要原因是同伴间的交往活动，交往中会发生某些冲突，而学生又不能很好地处理好这些矛盾，就会使学生产生愤怒情绪。所以，家长、教师要指导学生提高交往中的认知能力，增强人际交往中的和谐、通畅、互补性，这可以在一定程度上避免愤怒情绪的产生。

（2）创设良好的环境

学生的愤怒情绪多是由家长、教师的教育观念、教育态度、教育方法不当引起的。他们不能从学生的身心发展特点和需要出发，而是根据自己的期望和要求，规定学生应达到的目标，约束学生的行为与活动，这样难免给学生带来挫折感。学生不能将愤怒的情绪直接指向家长、教师，只能采取逃避、压抑或转嫁攻击等方式，这对学生的心理健康发展是十分不利的。因此，家长、教师要转变教养方式，尊重学生的身心发展特点和个体需求，创设良好的环境，减少学生愤怒情绪的发生。

（3）培养良好个性

学生对外界刺激反应的强弱，是与其人格特点有关的。通过对学生自信、自尊、乐观、耐心、耐挫力的培养，可以使学生正确地面对消极影响，抵制或缓解愤怒情绪的危害。愤怒是一种强大的心理能量，如果升华，它能带给人力量，甚至是激昂的生命力，如果使用不当，则可能伤人害己。因此，要注意帮助学生树立远大的人生理想，更多地从大局、从长远角度去考虑事情，要有远大的目标。当前进中遇到挫折产生愤怒情绪时，应将其转变为成就事业的强大动力，切不可以眼前的区区小事计较得失，到头来"丢了西瓜捡芝麻"，妨碍自己对理想、对事业的追求。

（4）增强自我控制力

愤怒是一种应激状态的表现，是一种自我防卫机制，在现实生活中是不可避免的。但愤怒一旦爆发，就不容易控制，会导致很多不良后果，而且容易使自己不断地体验所承受的挫折感，造成心情的恶性循环。因此，必须帮助学生学会如何看待和处理自己的愤怒情绪，训练学生及时觉察自己的情绪变化，评估和控制自己的情绪。

语言是影响人的情绪体验和表现的强有力的工具，通过语言可以引起或抑制情绪反应。例如，自我安慰"不要发怒，发怒于人于己都不好"、"不要紧，事情不会那么糟"。也可以学学林则徐在墙上挂上"制怒"二字的条幅。当你动怒时，最好先想想以下问题中的任何一个：我为什么生气？这事或这人值不值得我生气？生气能解决问题吗？生气对我有什么好处？可以在即将动怒时对自己下命令：不要生气！坚持一分钟！一分钟坚持住了，好样的，再坚持一分钟！再坚持一分钟！两分钟都过去了，为什么不再坚持下去呢？用理智来控制发怒的情绪反应。

做相反的动作。人在愤怒时，一般是握紧双拳，圆睁怒目，咬紧牙关或下唇，呼吸急促。此时，如果做出与上述相反的动作，会减弱愤怒的强度。比如，迫使自己做出微笑的表情，摊开双手舒展的姿势，做深吸气动作，再慢慢地呼出等等，通过应用放松的技巧，能使自己对引发愤怒的情境释然，降低自己的怒火。

（5）注意力转移。

这是控制愤怒的一种基本方法，是把自己的注意力自觉地、主动地从愤怒的情境中转移开，以降低或减弱愤怒的强度。日常生活中，有许多事会使人产生愤怒的情绪。如果遇到这种情况，我们要尽量避开，暂时躲一躲，以免刺激我们发怒。比如，可以出去走一走，听听音乐，或者和谈得来的朋友在一起聊聊天，干点儿自己喜欢的事，心情就会好起来。日本一位心理学家也曾劝告正要发怒的人，在开口或行动之前，在心里倒着默数20个数字，可收到降低愤怒强度的效果。屠格涅夫劝告人们在争吵之前把舌头在嘴里转10圈，以便熄火降温。脱离愤怒的环境。当感到自己快要发怒时，应当迅速离开导致愤怒的环境，到能使自己心情愉快的地方去，以熄灭心中的怒火，减少因愤怒而带来的不良后果。

（6）以恰当地方式进行宣泄

人的愤怒情绪，光靠压制是不行的。一味地压制愤怒，采用攻击、逃避等情绪行为都不是好办法，会导致心理障碍，产生心理疾病。必须通过一些合理的方式宣泄和释放愤怒情绪，才能使心中的怒气得以平息，心理得以恢复平衡。"如果你能解气，就使劲打我几拳。"这句话说的就是这个道理。

家长和教师要教会学生练习和发展适合自己的表达愤怒的方式，并且要做到自信地表达，既不带有攻击性，也不要过于表现屈从性，表达愤怒要尽量与愤怒的产生同步，不要等待和积压怨恨的情绪，要直接表达自己的愤怒，不要采用讥讽、挖苦的方式。

如果有的事情或人有充足的理由使我们发怒，正确的解决办法是：与当事人加强沟通交流，商讨解决办法，要使自己的言语真诚。实际上，很多情况都是由于误解造成的，沟通之后你就会发现心里会爽快一点儿。也可以采用其他的宣泄方法缓解情绪，比如去打沙袋，或去跳健美操，都能减少愤怒对自身的伤害，提高抗挫折力，坦然接受，正确面对，但要注意情感的宣泄要以不损害他人的利益为前提，不可在情绪的支配下做出过激的行为。

愤怒是常见的情绪问题，学生学会了控制自己的愤怒，那么，他们离健康就又近了一步。

第四节 恐惧的辅导

一、恐惧简述

教育事例一：

王莹莹是一名小学四年级的学生。但是每天天一黑，她就不敢出门，甚至一个人独处的时候，心里也会无缘无故害怕和恐惧。为什么她一到天黑就不敢出门呢？原来在王莹莹四岁的时候，妈妈就对她开始了早期教育。先是拉小提琴，后是学画画，念英语，算算术，尽管她能断断续续地拉完《我爱北京天安门》，但她乐感不佳，看不出她有音乐的天赋。王莹莹每天晚上练琴就像受刑似的，因为如果达不到要求，妈妈就要打她的手掌，或者将她关在一间黑屋子里。每当这个时候，妈妈就凶巴巴地说："练不好琴，我就不要你了，让狼吃了你。"或者说："等天黑让鬼把你带走。"吓得王莹莹拼命哭喊。所以王莹莹现在一到天黑就不敢出门。

教育事例二：

高三女生彭丽丽成绩很好，可最近几天总说很怕死。事情的起因是这样的：班上一同学外婆去世了，那名同学很悲伤，不停叹气说："人活着说不准什么时候就会死，真没意思!"于是她将这句话记得特牢，不停地在脑子里想：我什么时候也会死，人一死什么都不知道了，学习再好又有什么用？美好的生活都无法享受，真没意思，真可怕。人为什么要死呢？她百思不得其解，想着死的可怕，心跳、呼吸都加快，脑子一片空白，全身冰凉，冷汗也出来了。她对妈妈说自己患上了心理疾病，妈妈劝她不要乱想，暂时缓解了她的恐惧心理，可第二天又多次不由自主的想起，每次都出现上述症状，她很难受。

现在的一些中小学生，总是会莫名其妙地害怕、恐惧，教育事例中所说的两个主人公，就是其中的两个，她们恐惧的是什么？是什么导致了她们的恐惧？恐惧会给中小学生带来怎样的危害呢？为了青少年的心理健康，这个问题值得每一位家长、教师去了解、去思考！

事实上，恐惧是意识到危险或面临某些危险时产生的一种强烈的、不愉快的情绪。人具有某些恐惧是与生俱来的，但大部分是从环境中学习获得的。学生的恐惧内容是随着年龄的不同而变化的，是与其认知发展水平、主导性活动、生活环境密切相关的。总体来说，学生对动物、黑暗、想象物的恐惧随年龄的增长而下降，对学校和社会的恐惧则随年龄的增长而增多。

二、恐惧的表现形式

恐惧的表现形式多种多样，这里主要介绍社交恐惧和学校恐惧，它们是中小学生常见的两种恐惧形式。

1. 社交恐惧

社交恐惧的主要表现是害怕在众人面前出现，特别对被人注意尤为敏感。有社交恐惧心理的人很少参加社交活动，不得已参加时，在人群中也显得畏缩，看起来比较羞涩，遇到要发言的场合，发言前很紧张，发言过程中更紧张，有时甚至达到恐慌的程度，直到事情过去以后，神经才能松弛下来，有的很难和异性单独相处，在异性面前，往往面红耳赤，讲话结巴，十分不安，极不自在。

社交恐惧心理是生活中很常见的现象，很多人都曾有过这种心理。中小学生容易产生社交恐惧心理，这是由中小学生所处的特殊发展阶段决定的。他们往往非常渴望交朋友，但是又害怕自己不够完美，在人面前失了面子。与人交往的时候，他们很难客观地认识自己，往往感觉自己不如别人，因此害怕跟别人交往。也有的是因为抗挫折心理不够，害怕在跟人交往的时候出丑，所以才渐渐形成了恐惧心理。

对于单纯由恐惧心理导致的社交恐惧，通过鼓励其面对越来越困难的社会场景可有效改善社交恐惧。对于由于缺乏社会交往技能而导致的社交恐惧，辅导内容则应包括对社会交往能力的训练。辅导教师可以通过个体辅导的方式指导学生在各种不同的社会环境中活动，教授人际交往的技巧。

2. 学校恐惧

学校恐惧表现为回避上学，拒绝去学校，同时可能伴有焦虑和其他躯体症状。学校恐惧和逃学略有不同：逃学者并不是拒绝上学，而是耍花招离开学校，其父母可能对此一无所知。而学校恐惧的孩子会直截了当地拒绝去学校，他们更经常地出现身体上的恐惧症状，尤其是饮食和睡眠障碍，如腹痛、恶心和呕吐等。只要父母允许孩子不去学校，这些症状就会消失。学校恐惧经常发生在学校假期过去之后的第一个早晨、新学年的第一天或者在生病痊愈后去上学的第一天。最常见的诱因是转学到一所新学校，有时是在父母一方去世、离开或生病之后出现的。

对学校恐惧的辅导，首先应当澄清孩子对学校中的情况是否确实可以忍受，孩子会不会受到嘲笑，学校会不会提出过分的要求。这类问题必须加以解决，否则不能坚持让孩子上学校。其次，孩子的学校恐惧的主要问题在于孩子对很正常的学校环境产生了恐惧。所以，无论上学的念头让孩子多么不舒服，治疗的主要部分仍然是坚持让他去学校，并对他在学校表现出的积极行为给予表扬。另外，在孩子出现对学校的恐惧情绪时，父母的行为非常重要。如果父母过于迁就孩子，应当将父母一并加入辅导的行列，教会父母一些拒绝孩子的技巧。最后，学校里老师和同学的关心和友善对于消除学校恐惧也很重要。

三、恐惧的成因

1. 身心因素

有些学生的中枢神经比较敏感，容易对外界刺激产生警觉从而导致害怕。有些想象力丰富的学生，会因相关的外部刺激或经验的作用，想象出各种恐惧的事物或场景。有些学生在身心虚弱的情况下，也会因无助感而产生恐惧的情绪。

学生恐惧的产生，有些是因为后天的环境刺激引发心理伤害产生的，有些是因直接体验产生的，如被某老师体罚过而对该老师产生恐惧，被某种动物惊吓过而产生对这种动物的恐惧等，有些也可能是间接经验引起的对某种物品或情境的恐惧，如媒体播报的火灾、水灾、地震、抢劫、凶杀等场面。无论是直接还是间接，这些因素都对学生的身心造成了很大的影响。

2. 不恰当的要求

家长、教师不切实际的过分严厉、过高期望使学生经常性地承受着一些过分的批评，长时间生活在担心、害怕情绪中，导致他们害羞、胆怯、害怕权威，容易产生恐惧情绪。这种情况在学生中是比较常见的。

3. 家庭冲突

家庭中长期的紧张气氛或激烈的冲突会造成学生的不安全感，使学生产生恐惧情绪。

4. 经验的获得

看到长辈、同伴因刺激而产生的恐惧或听他人描述的恐惧情景，会使学生学会恐惧；还有的学生利用恐惧行为引起他人的注意，以达到某种目的。

四、恐惧的辅导策略

中小学生的绝大部分的恐惧问题，都是由特定事件引起的。对于这种情况，行为矫正可以说是首选的方法，这种辅导方法可以在几天、几个星期内见效。这里主要介绍几种辅导恐惧行为的具体方法，直接促使辅导对象面对不适环境，并最终学会驾驭这种环境。在确定辅导计划之前，辅导教师首先应该和辅导对象一起澄清问题，说明对辅导对象的要求，使辅导对象作好心理准备。

1. 澄清问题

辅导教师可以通过询问帮助辅导对象澄清他须要解决的问题，确定对方恐惧的根本原因，具体的询问方式视辅导的具体情况而定。如果他的回答不够具体，可以考虑使用启发、追问等询问技巧使问题清晰化。

2. 帮助其改变对恐惧的态度

辅导过程中，辅导教师应和辅导对象讨论恐惧问题，改变其对恐惧的态度，可以参考下面几个问题进行讨论。

（1）恐惧是正常的，有时也是必要的

恐惧并不可怕，偶尔感到恐惧是完全正常的。恐惧甚至有助于我们更好地研究造成紧张的问题是什么。不知道恐惧的人就不知道趋吉避凶，远离危险，所以有恐惧情绪并不都是不好的。我们的目标不是消除恐惧，这是不可能的。取代的办法是尝试着理解恐惧。不要再将它视做敌人，而应将恐惧看做指导我们必须采取行动的信号。

（2）与其他人谈论恐惧

克服恐惧的一个重要方面就是谈论它，同我们信任的并且能够倾听我们谈话的某个人谈一谈我们的恐惧感，这可能有助于克服某些困难。另外，如果我们能够平静地谈起我们的问题，我们就能够做到用另一种眼光看待它们，为它们找出更好的解决途径。

（3）坚毅与耐心

坚毅与耐心是战胜恐惧的两个重要品质。那些真正下决心进行抗争的人们，更容易坚持下去，战胜恐惧的可能性要远远大于决心不够大的人。作好准备，坚持下去，不要屈服，最后恐惧会减退，对于希望帮助孩子克服学校恐惧的父母，这一点更为重要。他们必须在第一次带孩子去学校时，忍耐孩子的哭泣和反抗。在确定孩子身体健康的情况下，对孩子抱怨的头痛或胃痛置之不理。严格但充满爱意、前后一致的引导肯定能帮助孩子在几周内克服对上学的恐惧。

3. 行为矫正

这种方式，更适合矫正对环境的恐惧。通过行为矫正消除恐惧的关键是与恐惧环境进行对峙，即让辅导对象在不引起痛苦的情况下逐渐接近让他感到恐惧的对象或情境，以给他一个重新评估恐惧对象的机会。与恐惧环境相对峙可以只在想象中或者采用看有关恐惧环境的幻灯片或电影的形式进行，或者直接进入真实的环境中。

通常，迅速、直接地进入真实的环境很难被人接受，实施起来也比较困难，但康复也比较迅速。

具体的操作方法包括两类，即系统脱敏法和满灌法。系统脱敏法是缓慢、逐步地接近恐惧对象；满灌法是迅速、直接地面对恐惧。

（1）系统脱敏法

系统脱敏的原理是：在原来发生恐惧的环境中，当一个人产生不安或恐惧反应时，若同时产生与恐惧反应相对抗的反应，就可减轻其恐惧程度。

（2）满灌疗法

和系统脱敏法逐步而有计划地接近恐惧对象相比，满灌疗法就像"跳入凉水中一样"了。在满灌法中，和恐惧的对峙可以说是迅速而长久的。它可以在想象中进行，也可以在真实的环境中迅速而长久地与恐惧对峙。一般来说，可以先进行想象中的满灌疗法，再进行真实环境中的对峙。

4. 社会交往能力训练

很多中小学生产生社交恐惧的原因可能是社会交往的能力不足，因此，要克服社交恐惧，可以从社交技能训练入手。社交技能训练可以采取模仿学习和角色扮演两种方式。

（1）模仿学习

在模仿学习过程中，可以看录像，也可以由辅导教师作示范。例如，对于一名害怕在公共场合发言的学生，可以让他先看优秀的演讲者演讲的录像。在这个过程中，要求其注意看别人做了什么，怎样做的，注意听别人说了什么，怎样说的。看完录像后，辅导教师和辅导对象进行有重点的讨论，如讨论"在发言的时候应该注意什么"、"怎样才能准备一个更好的发言"等问题。注意：辅导教师应该对辅导对象在模仿学习过程中的每一个进步给予适当的强化。在条件允许的情况下，应当鼓励其主动地行动，做一定的练习。

（2）角色扮演

在角色扮演过程中，辅导对象可以学习改变自己旧有的不恰当的社会交往行为，学习新的、恰当的社会交往行为。辅导教师可以对一个或者几个有社交恐惧心理的孩子进行辅导。如果是几个孩子，辅导教师可以把他们分成小组，要求小组成员在一系列场景中扮演各种角色，例如在街上向别人打听时间，向陌生人打听附近的街道或请他讲去另一个城市的复杂路线。辅导对象首先在小组中扮演这种角色，然后必须在真实的环境中做同样的事。在真实的环境中进行训练时，还可以进行其他的练习，比如，在商店里询问一种商品，或者在鞋店里作为顾客让人给自己试穿鞋子，在饭店中请服务员拿来详细的账单，聚会时，向一个陌生人进行自我介绍，并与之交谈等。

一般来讲，通过社交的训练，学生能渐渐的消除社交恐惧，正常的与人交往。

克服恐惧情绪，能促进学生的健康成长，因此，家长、学生要时常关注学生的心理健康，及时发现学生的心理问题并加以解决。

第五节　自卑的辅导

一、自卑简述

教育事例一：

王蒙同学的父母是外来务工人员。上学期，他的父母将他从家乡接到了城里，想让他在各方面条件都比较好的城里学校接受教育。

从他随身带来的学生手册中，他的班主任了解到，王蒙同学是一名品学兼优的好学生，而且活泼、热情、有礼貌。但过了一段时间，班主任发现王蒙比刚来时有了很大变化，变得沉默了，课堂上发言也不积极了，学习成绩也出现了下滑，与同学间的交往也冷漠了许多。班主任通过耐心询问得知，原来王蒙刚来到城里，语言上还带有很多的方言土语，常受到同学们的讥笑，有的同学还常常模仿他的发音和用词，而且他的衣着无论在款式还是质地上都与同学们有很大差异，这也是大家笑料的一部分，这一切都使他感到与同学的差距，他认为自己不如城里的同学，从而丧失了平等感，总觉得自己低人一等，逐渐地发展到自觉各方面都不如城里学生。

教育事例二：

宋琪琪从小生活在一个家教严厉的家庭中，特别是母亲对宋琪琪事事要求严格，不允许她有任何差错，每当宋琪琪出现失误，母亲就会不断地指责她："你怎么这么笨，这么一点小事都做不好，长大以后能有什么出息？"在这种早期家庭教育方式的影响下，宋琪琪逐渐形成了自己的核心信念："我很笨，很胆小，很多小事都做不好。"与此同时，她的生活规则也随之形成：她做事总是小心翼翼，生怕出一点错；她从不在课堂上或讨论会上发表自己的观点或想法，因为她怕说出来别人会笑她的想法太幼稚、太愚蠢。

突然有一天，老师要求每名同学第二天都要上讲台来竞选班委。当这个突发事件降临时，宋琪琪害怕极了，她想："我这么笨，这么胆小，怎么有能力上台竞选？"于是，在她的脑子里产生了各种消极的预感：我在台上讲，下面的同学肯定都在笑我，站到台上，我肯定一句话都说不出来，同学们可能会在我讲到一半时就把我给哄下来，……她越想越紧张，越焦虑，感到手足无措。突然，一个念头冒了出来，明天我能不能在家装病不去？以逃避此次活动？但她知道她父母亲绝对不会同意，无奈之余，她只好花上一晚上时间，好好准备这次竞选。她先把所有要讲的内容都写下来，然后努力地背诵，直到熟练为止。但即使这样，她这一晚上还是紧张得没有睡好觉。第二天，一上台，看着台下那么多熟悉的同学，她手发抖了，脸一下子涨得通红，脑子里一片空白，什么都想不起来了，于是她低下头，一句话都说不出来，台下顿时也乱成一团，同学们纷纷议论起来……最后，她都不知道自己是怎样走下讲台的。这一天她十分沮丧，不断地自责：我就是这么笨，就是这么没用！没有一件事我做得好。她极度悲伤，压抑，情绪落到最低谷。她进一步认识到：自己真是很笨，很胆小，做不好事情。

于是，这类突发事件每发生一次，她就加强一次这种念头，她逐渐走入了自卑的状态中。

教育事例三：

高峰的学习成绩一直较好，性格也比较开朗乐观，对陌生事物很感兴趣，有一定的探索精神。但近一段时期，他的学习成绩明显下降，精神状态不佳，常处于忧郁状态，特别是对父母交给他的事儿，他更缺乏信心，总怀疑自己是否具有完成任务的能力，还说自己不是学习的材料。

事情的原因究竟在哪呢？原来他所在年级不久前进行了重新编班，高峰也因此由原班级调到了一个新组成的班级。在新班级的几次考试中，他成绩虽然同以前不相上下，可在新班级中的名次却落后了。教师只表扬了那些名次排在前边的学生，却批评了排在后边的学生努力程度不够。不仅如此，还挖苦一些成绩差的学生。教师的行为使他思想负担过重，他由此开始怀疑自己的真实能力，其自我评价也开始降低，不再像以往那样对事物充满信心，从而产生了自卑感。

通过上述的事例，我们可以得到一个结论：自卑影响学生的学习，影响学生的身心健康。那么，什么是自卑呢？

自卑是一种主观的心理体验，是自我评价偏低所带来的，是以羞愧、羞怯、不安、内疚、灰心、悲观、失望等表现为主的情绪体验，它通过人们的言行举止反映出来。因此，只要细心观察，就不难发现中小学生在不同情境下所表现出来的自卑心理。一般来说，女生的自卑感比男生强烈，高中生对外表的自卑感比初中生强烈，因学习而产生的自卑是学生自卑感的主要成因。有自卑感的人对自己的能力、性格、行为表现等感到不满意，对自我存在的价值缺乏满意度，做事缺乏信心，对适应环境感到悲观，常否认自己。有自卑感的人会由于心理不适应，而影响他们的能力发展和表现，导致学习成绩连续下降。对这样的学生来说，自卑情绪的郁积会产生一种恶性循环，即自卑—失败—更多的自卑—更大的失败，使主体隐于痛苦而陷于难以自拔的境地，最后，导致这类学生形成消极悲观的不良性格，严重的甚至会脱离现实，逃避困难，阻碍人格的健康发展。

二、自卑的确定

人心不同，各如其面，心理是人脑对客观现实积极、主动的反映，社会经历不同，心理创伤不同，其表现出的自卑心理也各不相同。每一个学生都在以他的生活方式，用自己的方法来表现他的这种情绪，只不过表现方式不一样而已。因此，青少年到底在多大程度上怀有自卑感，一方面，教师可以从对学生日常生活和学习的观察、了解中获得。另一方面，学生可以自己通过量表进行检测。

在这儿，介绍一下日本心理学家中岛义友的自卑感检查量表及检查方法。

1. 你小时候在摔跤或赛跑中总是输吗？

2. 受重伤或大病后，对运动是否丧失信心？

3. 身体有残疾之处吗？

4. 小时候口吃吗？

5. 是左撇子吗？

6. 你是否认为爸爸或妈妈只爱弟弟（姐妹)？

7. 你有时是否非常羡慕朋友的家庭？

8. 你在小时候经历过可怕或羞耻的事吗？

9. 隔壁传来窃窃私语时，是否经常怀疑在谈论自己？

10. 一个人独处时感到舒畅快乐吗？

11. 是否因讨厌遇上的人而绕道？

12. 你容易受煽动吗？

13. 你讨厌比赛吗？

14. 至今你是否认为有人看透自己的内心，并且因而感到苦恼？

15. 见到你所讨厌的人遭到困难，是否觉得他活该？

16. 喜欢和年幼的人一道玩吗？

17. 你觉得欺负女孩子有趣吗？

18. 老师特别无视你吗?

19. 你总是不服输吗?

20. 你认为即使父母不在也能设法生活吗?

请你对以上问题作出肯定或否定的回答。

经过概括总结和加权平值,中岛义友认为,如果对该调查项目的一个肯定答案以一分计算,那么,正常青少年的平均分数是4.88分,非正常青少年的平均分数是7.07分,那么7分至8分以上者都是极端自卑的人,并且,那些怀有强烈自卑感的人,在正常青少年中占14%,在非正常青少年中占45%,但是,如果将轻微的自卑感也包括进去,那么,丝毫没有自卑感的青少年反倒是极少数了。

三、自卑感成因

学生的自卑心理不是先天带来的,而是他们在后天的学习、生活过程中形成的。自卑感作为自我意识的一种表现,随着中小学生对自己的自我评价、自我监督、自尊心、自信心等的不断变化而变化,学生的自卑心理产生的原因集中表现在以下几个方面:

1. 教养方式不当

如上述教育事例一、二中所描述的家长、教师的教育方式不适当,学生经常处于挫折的情境中,缺乏成功的体验。事实上,很多家长和老师往往根据自己对问题的理解来要求学生,忽视学生现有的能力水平,一旦学生没有按照自己的要求达到目标,各种指责随之而来:"你怎么这么笨!""这点小事都做不好,还能做什么大事!""跟你说了多少遍,怎么还记不住啊,真是脑袋有问题。""三岁看老,你现在这样,长大了也不会有出息。"很多家长和老师并没有意识到，很多时候，造成学生自卑的根源来自家长与老师自己，过多的挫折体验容易使学生对自己的能力和水平产生怀疑，从而导致自卑感产生。

2. 现实中存在的事实

在实际生活中确实存在的令人不满意的因素，如体象问题、健康状况、性别问题、能力问题、学习问题等等，如教育事例一中所描述的情况，这些因素对学生自卑感的产生都具有引发作用。如，有一名中学生，因为自己是"豆芽菜"的体形而深深苦恼，在学校组织的各种文体活动中羞于出头，在力量型的体育活动及比赛中，往往不好意思在别人面前打赤膊，上课时，时时猜测周围的人都在看着他，心里十分苦闷，即使在烈日炎炎的夏季，他也是长衣长裤，久而久之，自尊心受到了严重的伤害，形成自卑心理。

3. 因性格不同而产生的自卑感

比如说，同样被起绰号的两名同学，一名满不在乎，另一名则因此而苦恼自卑，究其原因，在于两名同学的性格不同。性格是人对现实稳定的态度及其行为方式的个性心理特征。瑞士心理学家荣格最早把人的性格划分为内倾型和外倾型两种类型。内倾型的人，一般表现为沉静、谨慎、多思、孤僻、反应慢，适应环境困难；外倾型的人，一般表现为开朗、活泼，爱好交际，情绪外露，不拘小节，易于适应环境。满不在乎的这名同学的性格属于外倾型，容易适应外界环境，面对起绰号满不在乎；而感到非常苦恼的这名同学，性格就属于内倾型。

4. 片面地看问题

有些学生因不能全面地看问题，对自身的优缺点和现实环境的利弊缺乏正确的、全面的认识，也会致使自卑的产生。他们往往过多地看到自身的短处，而看不到自己的长处，明明是自己在某些方面不如别人，却把自己看成一切方面不如人。有些学生因为一次考试或者某个事情上的失败，就盲目地否定自己，产生自卑感。这种自卑感会使得学生的挫折承受能力较降低。遇到困难、挫折和障碍时就灰心丧气，一蹶不振，看不到有利的因素和发展的前途，最终陷入消极悲观之中。

四、自卑感的辅导

每个人在不同程度上都有自卑心理，也就是说自卑感带有一定的普遍性。而自卑对学生的成长是极其有害的，在以往乃至当前的学校教育中，教师往往认为只有那些调皮捣蛋、不好好学习、不守纪律的学生才是问题学生，才是重点教育的对象，而容易忽视对自卑感强的学生的教育。殊不知，有自卑感的学生同样需要教师的引导和帮助。那么，如何帮助中小学生克服自卑感呢？

1. 要了解和尊重学生

了解是指导的必要前提。了解和尊重学生，对于帮助其克服自卑心理尤为重要。因为青少年随着自我意识的逐渐觉醒和日益增强，一般来说都具有很强的自尊心，同时这种自尊心也很脆弱。

教育事例四：

一位颇负盛名的中年画家在回忆自己成长的过程时，曾说起他少年时代的一段往事。那是他上小学时的一个课间，他和几名顽皮的小学生趁老师不在教室，便在黑板上胡乱画写起来，有的画头，有的画花，偌大一块黑板，被几个小朋友的杰作占去了一半。待下节课的教师走进教室时，他们已来不及擦掉了，只好争先恐后地逃到座位上等老师的"暴风骤雨"。果然，教师发怒了，他让大家一起把那些"创作"擦掉，惟独留下这未来画家的"处女作"，而一下课就把他叫到办公室。"那是你画的吗？"教师严肃地问，他只好不安地点点头。"哈！"教师突然眼睛一亮，换上一种极其兴奋的口吻说："你画得很好，千万不要半途而废呀！"这出乎意料的激励，使这位"小画家"的心中泛起了希望的浪花，因为这位教师没有责备他，没有伤害他的自尊心。

从儿童身心发展的规律来说，小学生进入中高年级后，一部分儿童，特别是一些女生已经进入青春发育期，他们的身高猛长，样子像个"小大人"，体力和精力及个人意识的发展，使得他们要求成人把他们当做大人看待，他们已经有了独立的见解，要求独立行动，急于摆脱成人的监护，什么都想自己干，教师和家长应信任、尊重他们。但是他们的情感比较脆弱，意志比较薄弱，自我控制能力较差，遇到困难易退缩，常常会因一件事情的失败而心灰意冷，处在这个年龄阶段的青少年很难做到"败不馁"，特别是当孩子做错事之时，我们更不可不问青红皂白大批特批，横加指责。比如，孩子平时学习比较努力，但因方法不对头，考试成绩不理想，本身他自己就非常苦恼了，家长和教师应帮他分析失败的原因，找出成绩不理想的症结，迎头赶上。这样，即使他本身有一些自卑心理，但随着成绩的不断提高，他也会渐渐地克服。如果不体谅孩子内心的痛苦，而一味地指责、讽刺，孩子的自卑感便会越来越严重，甚至产生对立情绪。

2. 引导学生重新认识自卑

自卑心理是每个人普遍都具有的一种心理状态。恰当的自卑心理对个人的发展具有促进作用。适度的自卑感是促使我们改变自身状况、追求更好发展的动力。它能够激励我们调动所有力量，施展自己的才能，充分挖掘自己的潜力。其实每个人都有自卑感，只是程度不同，表现也不同。所以我们应当正确地对待自卑，不能只看到自卑的危害，更不能因为自己自卑而自卑。自卑的产生都是有一定原因的，首先应该找出自卑的原因。只有找对了根源，才能有针对性地解决问题，才能从根本上对其进行引导和帮助。教师可引导学生明确自卑产生的根源。

3．引导学生正确、客观地评价自己

人的个性特征是多维度的，应引导学生从以下几个方面对自己进行分析、评价：学习能力，如观察力、记忆力、思维力、创造力、想象力和实践能力；特殊能力，如绘画、音乐、书法、写作、体育运动等；学习态度方面，如兴趣、爱好、勤奋刻苦、好胜心和独立性等；人品和个性特征，如自我控制和自我调节以及道德品质、理想信念等。教师可以请学生列举出自己的优点和缺点，将自己的优点和缺点分别写在一张卡片的两面，再请其周围的同学在另一张纸上列出他的优点和缺点，两者相比较，得出比较客观、全面的结论。当学生自卑时，提醒他多看看自己的优点，激发自己的自信心。

4．帮助学生树立自信心

帮助学生在生活和学习中树立自信心，是克服自卑心理的关键所在。在困难和各种挫折面前相信自己能力的人就不会自暴自弃。苏霍姆林斯基总结自己几十年的教育经验，得出这样一个结论：要注意保护儿童的自信心和自尊心。所以，在教育实践中，他较注意对学生进行鼓励和表扬。他对待四年级以下的儿童，从来不打不及格的分数，如果真的不及格，他让学生好好想一想，然后再回答，反复地做几遍，让他自身相信：他的作业会一次比一次好。这样的教育方法使儿童发现了自己具有创造的潜力，很为自己的成绩感到高兴，孩子的自信心和自豪感就得到了培养。

5. 给学生提供交往目标，增加交往机会

有自卑心理的学生一般都有社交障碍，所以，帮助学生克服自卑心理，也可以首先通过让学生学会和他人交往，然后把交往中的自信转移到其他方面上去。家长、教师应帮助有自卑感的学生掌握如何与成人、同学和其他人交往的方法、技巧，支持、鼓励这些学生积极、主动地与同伴交往，参加集体活动，在交往中找回自尊，提升自信。

6. 昂首挺胸，快步行走

许多心理学家认为，人们行走的姿势、步伐与其心理状态有一定关系。懒散的姿势、缓慢的步伐是情绪低落的表现，是对自己、对工作以及对别人有不愉快感受的反映。所以，改变行走的姿势与速度，有助于心境的调整。要表现出超凡的信心，走起路来应比一般人快。将走路的速度加快，就仿佛告诉整个世界："我要到一个重要的地方，去做很重要的事情。"步伐轻松敏捷，身姿昂首挺胸，会给人带来明朗的心境，会使自卑逃遁，自信萌生。

7. 练习当众发言，学会微笑

面对大庭广众讲话，需要巨大的勇气和胆量，这是培养和锻炼自信心的重要途径。可以说，当众发言是培养自信心的"维他命"。笑能给人自信，它是"医治"自信不足的"良药"。真正的笑不但能调整自己的不良情绪，还能化解别人的敌对情绪。如果你真诚地向一个人展颜微笑，他就会对你产生好感，这种好感足以使你充满自信。正如一首诗所说："微笑是疲倦者的休息，沮丧者的白天，悲伤者的阳光，大自然的最佳营养。"

自卑心理达到一定程度，会影响学习、生活和工作的正常进行，长期自卑就会发展成为一种心理疾病，影响学生的心理健康。因此，教师要引导学生克服自卑，增强自信，这不仅有利于中小学生的学习与交往，也能促进中小学生的心理健康。

第五章　做学生培养性格的助推器

第一节　养成良好习惯

一、习惯简述

教育事例一：

从小学五年级起，王郊就迷上了游戏机，一放学就跑进游戏厅。他从不自己写作业，每天早早来到学校，低声下气让同学给他抄答案，一次给同学 1 元钱，有时干脆请人代做，一次给 2 元。他爸爸妈妈工作特别忙，顾不上管他。班主任张老师发现了他的"秘密"，一放学就盯着他，不让他进游戏厅。一次一次对他说："你脑子不笨，好好学，一定能赶上别人。""我一见数学就怕。""不要紧，老师教你。先一天做一道题，慢慢就会有进步。"

就这样张老师经常鼓励他，要他改掉抄作业的坏习惯，做一个有理想、有文化的合格学生。上课让他多回答问题，答对了充分肯定、表扬他，错了就加以引导。每天给他补 15 分钟的数学，让他独立完成 3～5 道基本数学题，他的数学成绩实现了由 38～49～63 分的几级跳。张老师还引导他把从数学学习中获得的自信迁移到其他功课的学习中。经过张老师的耐心辅导和帮助，王郊终于改掉了抄袭作业的坏习惯，学习兴趣也一天比一天浓，对数学有了自信，现在每次考试都能拿80分以上。

上述教育事例告诉我们，学生有些不良的学习习惯通过教师的努力是可以改变的，只要教师多份爱心和细心。培养学生认真负责的学习态度，养成良好的学习习惯，是提高学习效益的重要条件。对学生来说，取得好的学习成绩，学到更多的知识和技能，发展自己的能力，养成善于学习的习惯，是他们学习活动要实现的目标。习惯是能力的基础，能力又是习惯的发展，习惯作为非智力因素，在培养能力、发展智力上有着很大的动力作用。因此，就需要学生掌握更多的有关学习和学习习惯等方面的知识，使他们善于监控自己的学习过程。儿童和少年是接受情绪刺激的敏感期，这段时期，培养他们良好的习惯，会留下深刻的印象。因此，教师要有意识地培养学生形成良好的学习习惯，这对学生今后人生的发展具有重大的意义。那么，什么是习惯呢？

所谓习惯，是经过反复练习而形成的较为稳定的行为特征，它是指学生为达到好的学习效果而形成的一种学习上的自动倾向性。习惯是一种顽强而巨大的力量，可以主宰人的一生。在漫长的一生中，每个人的机会都是均等的，有的人习惯脚踏实地，结果抓住了每一次成功的机会；有的人习惯趾高气扬，自然就会失去送到手里的机会。在不知不觉中，长年累月养成的种种习惯，影响着我们的品德，暴露出我们的本性，决定着我们的做事习惯，决定着我们的成功与失败，也左右着我们的人生与命运。所以要去掉坏习惯，培养好习惯，养成良好的学习习惯，开辟全新的人生道路，让好习惯成就好人生。

二、习惯养成的方式

著名教育家叶圣陶说："什么是教育，简单一句话，就是要培养良好的习惯。"因此，如何培养学生良好的学习习惯是教师最关心的问题，结合教育教学实践，教师可以从两个方面来培养学生良好的学习习惯：

1. 班级管理方面

（1）要使学生认识到，良好的学习习惯是提高学生成绩的保证。

可以通过开班会的形式，让学生畅谈成绩好的学生有哪些良好的学习习惯，同时要谈谈不好的成绩是不是由于不良的学习习惯导致的。

（2）班级内要创设有利于良好学习习惯养成的教育教学氛围。

例如，利用班会，请分管教育的校长作动员；让科研教师谈谈以抓作业为切口，从而规范学习惯；各任课教师讲自己学科的要求；最后派学生代表谈认识。

（3）培养一支有责任心的班干部作为监督管理队伍。

把各项要求分配给各个班干部，如作业由学习委员牵头，各科科代表负责制，以杜绝同学抄袭作业的坏习惯。

（4）利用班会及时总结评估，树立模范，以点带面。

调动全班同学的积极性，争做具有良好学习习惯的学生。这种经常的总结评估，有利于培养学生的自信心；有利于提高学生的积极性，避免消极因素的产生；有利于学生及时纠正错误，发扬优点。

2. 知识教学方面

学生一旦形成良好的学习习惯就会使学生受益终身。所以教师应本着对学生负责的态度，重视培养学生知识教学方面的良好学习习惯。具体来说，教师可以从以下几个方面培养学生良好的学习习惯：

（1）培养学生"爱读书"的习惯

"书籍是人类进步的阶梯"，书本知识作为间接经验，是千百年来人们在改造世界的实践活动中逐步积累的经验总结。读书可以让人们知道许多闻所未闻的东西，读书可以开阔人的视野，读书可以提升人的修为，读书可以增长人的智慧和能力。对于个人来说，读书是实现人生价值，改变命运的手段；对于国家来说，全民读书是提升社会文明程度，实现国家强盛的基础。反过来，不爱读书的人是不会有出息的，不爱读书的民族是不会有发展的。

教育事例二：

鲁迅先生少年时，在江南水师学堂读书，第一学期成绩优异，学校奖给鲁迅一枚金质奖章。鲁迅立即拿到南京鼓楼街头卖掉，然后买了几本书，又买了一串红辣椒。

每当晚上寒冷，夜读难耐，鲁迅便摘下一颗辣椒，放在嘴里嚼着，直辣得额头冒汗为止。鲁迅就用这种办法驱寒，坚持读书。由于苦读书，后来终于成为我国著名的文学家。

教育事例三：

王亚南小时候胸有大志，而且酷爱读书。读中学时，王亚南为了争取更多的时间读书，特意把自己睡的木板床的一条腿锯短半尺，成为三脚床。每天读到深夜，疲劳时上床去睡一觉后，迷糊中一翻身，床向短脚方向倾斜过去，王亚南一下子被惊醒过来，便立刻下床，伏案夜读。天天如此，从未间断。结果王亚南年年都取得优异的成绩，被誉为班内的三杰之一。

由于少年时勤奋刻苦读书，后来，王亚南终于成为我国杰出的经济学家。

当今是知识经济时代，"知本家"取代资本家已经成为当今社会财富最大的拥有者。科学是经济发展原动力，技术是经济发展的杠杆。而科技知识的传播及应用都离不开它的物质载体—书。我们培养学生"爱读书"的习惯，也就是培养他们学科技、用科技的习惯。当然，读书也不是无选择地、盲目地读，一本好书会使人受益，一本"坏书"可能使人步入歧途。如某些"少儿不宜"的书，若放任青少年读之，则会影响其键康成长。另外对读书的时间和场合也应有限制。如果正在长身体的青少年彻夜的读书或上课期间偷偷地看小说，肯定会影响身体和学习、成绩。所以，教师对学生应给予必要的指导。

（2）培养学生"爱思考"的习惯

人的生活和学习的质量取决于思维的质量。教会学生思维是当前教育的核心内容。家长、教师要善于挖掘学生的思维潜质，使其养成"善思"的习惯。古希腊哲人亚里士多德说过："思维自疑问和惊奇开始。"

教育事例四：

爸爸从报纸上看到一个脑筋急转弯，吃晚饭时就想考考儿子。

爸爸问儿子："有一个女孩从海边的沙滩上走过，她的身后为什么没有脚印？"

儿子顿了顿问："当时天黑了吗？"

爸爸说："这跟天黑有什么关系？"

儿子回答说："如果天黑了，连人都看不见，自然看不到沙滩上的脚印。"

儿子说得有点道理，爸爸只好说天没有黑。

"那么，是黄昏的时候吧？"儿子接着问。

爸爸有点儿不耐烦了："这有关系吗？"

"如果是黄昏，开始涨潮了，潮水就把脚印冲刷掉了。"

爸爸耐着性子说："是中午。"心里想：这回儿子可该说出答案了吧，没想到儿子继续问："这个女孩是个杂技演员吗？"

爸爸简直有点恼火了："也有关系啊？"

儿子不紧不慢地说："当然，如果她是个杂技演员，那么她可能是用两手在沙滩上行走，沙滩上只有手印，没有脚印。"

爸爸强压怒火尽量克制自己说："她不是杂技演员。"

"那么就只有两种可能了，一是她在水中走……"

没等儿子说完，爸爸便忍无可忍地喊道："她没有在水中走！"

"那么就只剩下一种可能，她是倒退着走，脚印在她的前面，而身后没有脚印。"儿子终于说出了爸爸所期望的"标准答案"。

现实生活中，有很多问题并不存在什么标准答案。不同的人分析同一问题会有不同的结果，同一个人从不同角度分析同一个问题，也会有不同的结果。所以，在遇到问题时一定要注意善于思考，勤于思考。

提问是训练思维、培养自己思考能力的一个重要手段，爱因斯坦说过："提出一个问题往往比解决一个问题更重要。"因为提出问题需要创造力和想象力，能极大地调动大脑积极思维。在实际教学活动中，教师要精心创设问题情境，引导学生大胆质疑，主动探究，鼓励学生"刨根问底"，把知识学透，把问题弄清。

（3）培养学生"爱动笔"的习惯

人的一生从小学到大学，甚至成年人的继续教育，需要经历大大小小无数次考试，而绝大多数都是笔试，能否将思想和储备的有关知识最大限度地表达在试卷上，笔上工夫非常关键。况且书面表达本身就是一种能力，这种能力的高低对青少年将来的工作也将产生程度不同的影响。所以教师应有意识地培养学生"动笔"的习惯。如有计划地指导学生写读书笔记、日记、小论文、规范的论述题，积极参加有关部门组织的诗歌散文比赛等等。

（4）培养学生"爱说、会说、敢说"的习惯

因为"说"不仅能提高思维能力，更能锻炼人的心理素质，增强自信心和勇气。"说"还是人与人交流的主要手段。古往今来，有人的地方就有"说"，"说"在某些领域、某些场合会起到非常关键的作用。例如，在我国古代，若没有苏秦的三寸不烂之舌，就没有东方六国合纵抗秦联盟；没有诸葛亮的舌战群儒，就没有孙刘联盟大破曹军。

在当代，口语交际机会增多了，场合也拓宽了，除外交家的侃侃而谈勿庸质疑外，像律师在法庭上的唇枪舌战，企业家的谈判，营销员的推销等等，无不需要非凡的语言表达技巧及良好的心理素质，所以教师应充分重视学生语言表达能力的培养，为他们创设说话环境，提供表达机会。如鼓励学生声情并茂地朗读课文，公开阐述个人见解，上台讲课、演讲、辩论、主持文艺活动等等。不仅如此，对学生的"说"，教师还要给予必要的指导，不仅让其"爱说、敢说"，更要让其"会说"，使说的内容有逻辑性、条理性、深刻性、通畅性、趣味性，要有根有据，避免信口开河，在潜移默化中锻炼学生口头表达能力和心理应对能力。

（5）培养学生规范的答题习惯

"八股文"虽已成为历史，但不能否认各学科还应有符合本学科特色的答题格式。养成按照一定格式答题的习惯就是规范的答题习惯。规范的答题习惯不仅有助于学生养成严谨的治学态度和缜密的思维习惯，而且有助于应试条件下提高学生试卷考分。因为规范的

答案和漂亮的字体会给阅卷教师赏心悦目的感觉，一方面它有助于提高教师阅卷速度，另一方面使教师按要点给足分数。中考、高考中的一分之差可能关系学生能否进入一所理想学校，进而在一定程度上影响学生的前途命运。

那么如何使学生养成规范的答题习惯呢？首先教师要起表率作用，讲题步骤，做标准答案都要规范化。如历史学科的问答题答案应要求"四化"，即要点化、序号化、段落化、提示化等等。其次，平时教师对学生的作业步骤，考试答案都应按照规范的格式，严格要求，按点给分，决不能迁就。只要坚持不懈地狠抓落实，学生良好的答题习惯就会逐步培养起来。

从某种程度上说，习惯决定未来，对于中小学生而言，帮助他们养成良好的学习习惯，会让他们一生受用无穷。

第二节 注重挫折教育

一、挫折简述

教育事例一：

12月的一天，某初中女孩杨月在下午4：30放学后，让同学代其向老师请假，说家里有事情，妈妈来接她了，就不练舞蹈了，然后独自离开学校。5点时，杨某的妈妈到教室找她，老师告知她孩子因请了假，所以走了，妈妈立刻返回家中。晚上6点左右，她妈妈发现她还没有到家，经过多方联系，从同班一名女生处得知，她前几天写了一封遗书给她，说要去一个谁也找不到的地方。他妈妈立刻报了案，并且四处寻找，但也没有看到她的踪影。

几天后，终于找到了她。事后，老师和家长共同分析她出走的原因。在学校里，她没有受到什么批评，和同学关系还可以；在家里，她事发前的一个星期，妈妈打过她一次。挨打的原因是她没告诉家长就偷偷和同学去花园玩。当时老师和家长大致认定她是因为这件事和家长发生矛盾而走的。这个结论在她后来写的作文中得到了证实，她不仅写了挨打的过程，还写道："那一夜我几乎没有合眼，想了很多很多，我甚至想到了死……"

教育事例二：

15岁的初中女生李芳，上学成绩一直都非常好，平时性格很活泼，在学校考试中一直保持着前两名的骄人成绩，并担任班上的学习委员一职。她也因此成为了父母的骄傲。根据目前实力，她肯定能上个重点高中，将来起码也要上个重点大学的本科。在父母望女成凤的期望下，平时她的空闲时间很少用来交友，更没有什么业余爱好，一有空闲就躲在自己的房间读书，父母也没有和她主动交流过。这次暑假期末考试她考了班上第十名，拿到成绩单那一刻她沮丧万分。回到家中，受到父母的狠狠批评。

至此以后，她常常把自己关在房间里整日不出门，也不看书，只是偷偷地哭泣或者发呆。过了一个月左右，她的爸妈发现她变得孤僻异常，才意识到事态的严重，赶紧去安慰她，但是已经晚了。新学期开学后，她总是出现幻觉，脑海中总是浮现出同学在说她的情形：学习成绩这么差，不配当学习委员，老师似乎也时刻盯着她、瞧不起她。她再也无法安心学习，甚至发展到了恐惧到校的地步。

教育事例一中的女孩，因为不能接受母亲的打骂，就想到了轻生，也许大家都会认为是她母亲的那一次打她，使她萌生了死亡的念头。可以说，这是这一个事件的主要原因，但是，大家不妨想一想，生活中很多孩子都可能会挨父母的打骂，但是像她这样选择轻生的孩子往往是少数。为什么在别人选择好好活着的时候，杨月却选择了轻生？事实上，这与她的教育存在着很大的关系。如果她曾经受过相关的挫折教育，在遇到类似的情况时，她定不会这么不重视自己的生命，而萌生错误的、死亡的念头。教育事例二中的李芳，也是犯了同样的毛病，在仅仅一次失败的考试面前，就认为自己不行，认为老师瞧不起她，认为同学瞧不起她，其实这并不是大家瞧不起她，而是她自己心里形成了这样一种定式：因为自己失败了一次，所以，所有的人都瞧不起自己。类似教育事例中的人还有很多，他们经受不住挫折的考验，选择了轻生，这些都是作为一名家长或是一名教师所不愿看见的。所以，无论是家长对孩子的家庭教育，还是教师对学生的学校教育，都应该注重孩子的挫折教育，增强他们的心理承受能力。作为孩子自身，更应该接受良好地挫折教育，培养在挫折面前不抛弃、不放弃的坚韧意志。

要知道，在现实生活中，人生难以事事如意，挫折和失败总是不期而遇的。古语云："人生逆境十之八九。"多姿多彩的年华，并不意味着人生的一帆风顺，在人生的十字路口上，学生们常常既兴奋又彷徨，在内心编织着未来的五彩梦想，抉择着前途和理想，人的主观愿望与现实的社会规范发生着经常性的冲突，现代的中小学生就生活在这众多的困扰之中。

但是，对于挫折和失败，不同的人有不同的处理方式，或退却、或坚持、或替代等等。

许多中小学生因挫折和失败而产生心理挫折，他们对待这种精神困扰最常用的办法就是压抑、忘却。为了获得暂时的心理平衡，他们有意识地将由于挫折和失败所带来的痛苦的情绪体验掩藏起来，忘却它们、否认它们的存在，希望通过时间的推移来消除紧张、焦虑的情感体验。这种默默承担痛苦的做法是有百害而无一利的，从心理健康的角度讲，长时间地生活在紧张、焦虑状态中，对人的身心健康是不利的，容易引发多种身心疾病。

二、学生中常见的挫折

中小学生处于青春发育期，心理正在发生巨大的变化，而对生活中的各种挫折，如学习挫折、交往挫折，情感挫折等，往往会产生各种心理障碍。有的挫折可能是成功之母，有的挫折可以影响人的一生，可以使人堕落。所以，家长教师要了解中小学生的常见挫折，总结如下：

1. 学业挫折

学习优秀的学生，不仅教师偏爱，而且在学生中有威信，老师因为他的成绩优秀总会在他身上留有更多的目光，学生也因他的成绩好而从内心羡慕。时间久了，这些成绩优秀的学生认为，自己已经习惯了好的成绩，习惯了被老师喜欢，被同学羡慕，所以自己绝对不能差。认为自己的实力就是应该保持在这个水平。正是由于这种心理的误导，他们对失败缺乏应有的准备，一旦考试失误，就会产生强烈的挫折感。

成绩优秀者会有挫折感，成绩差的学生也一样。并不是每一个差生从小就认为自己喜欢当一名差生，有的差生也想搞好学习，也很努力，但是现实总是残酷的，自己虽然努力了，但是成绩总是上不去，他们也为此产生不安情绪，为什么别人的努力就有收获，而自己的努力却是白费。还有的差生，因为自己学习成绩不理想，长期受家庭、学校、教师、同学们的歧视，自尊心严重受挫，因而非常自卑，对学习丧失了信心。他们常常在"瞧不起、冷落、打骂、责备、挖苦、训斥"中重复他们学习上的恶性循环，他们的挫折感可想而知。

2. 交往挫折

人际交往是学生生活的重要组成部分，但是由于学生之间性格、气质的差异，如有的学生从小性格内向，而父母因工作繁忙，且未及时进行有针对性的帮助和训练，在受教育的过程中，教师常常忽视他们的内向性格，久而久之，致使他们产生交往障碍，形成了害羞、沉默寡言、孤独等不利于交际的性格特点。有的家长把自己的孩子捧在手心，生怕孩子受到一点损伤，不愿意自家的孩子跟别人有过多的交流，只是让自己的孩子在家玩耍。这样长期以往，孩子肯定对于自己与他人的交往不感兴趣，交往能力也就可想而知。他们已经养成了一个人的习惯，这类孩子进入学生的大家庭后，很难跟大家打成一片，往往会产生孤单的情绪体验。同时，他们也会让其他孩子避而远之，认为他是一个不合群的人。

3. 情感挫折

心理学上把感情上受到刺激或打击后产生的情绪状态叫情感挫折，学生除了学习、生活外，感情的得失也是重要的一环。处于情感脆弱期的中小学生，往往把感情看得很重，很执著，因而极易受伤害，在受伤害后受不了打击而苦闷抑郁，甚至不能自拔。

中小学生的情感挫折有多方面原因，一方面是来自教师、朋友。师生、朋友之间的交流，可以获得情感满足，它是人类情感的重要组成部分，每个人都在为此不断地付出，也在等待着情感的回报。当教师错怪，朋友欺骗，许多同学会因此感到惊讶、伤心、愤怒，自己明明未做错事，老师为什么批评自己？自己的朋友为什么会背叛自己？学生会因此产生心理障碍，而导致学生的成绩下降。

另一方面是来自异性情感的挫折。伴随青春期的来临，加之社会飞速发展，学生们对爱的范畴认识也日趋早熟，早恋已成为一种现象，由于中小学生不成熟，早恋往往是单相思，结果往往是痛苦的，在他们追求异性的过程中往往会受到教师、学校、家庭的阻挠，从而使他们产生心理障碍。

最后，还有来自骨肉亲情的挫折。在现代发达的社会，来自家庭的变故特别多，如父母的离异、自然灾害，像车祸、火灾等突出其来的打击，往往会使学生受到极大打击。过早的、过重的打击，会使学生因承受不了而产生心理障碍。

三、挫折的辅导策略

中小学时代是有着美好憧憬的时代，每个人都有自己远大的理想，都有为自己的理想奋斗的热情，但有些人在困难和挫折面前退却了，接受了自身惰性和逃避困难的诱惑，在不知不觉中纵容自己的惰性和逃避困难，而使要做的事情或半途而废，或改变了性质。如何切实有效地实施中小学生的耐挫折教育，以增强学生的社会心理承受能力？主要有以下几点：

1. 加强挫折承受力的心理准备教育

在挫折教育实施过程中，首先要让学生明确并认同两个基本观点：一是挫折不可避免，人生的道路不会总是一帆风顺；二是挫折成就人生，挫折处理得好往往会成为人们走向新的天地，进入新的境界的起点，是人生的一种"特殊财富"。

其次，由于大多数中小学生对遭受挫折的心理往往准备不足或根本毫无准备，所以，教师从制定工作计划开始，就应给挫折教育留一席之地。可设置一些有一定困难和障碍的情境，也可利用班会等适宜的场合，进行适当的挫折教育。应该让学生明白：挫折是任何人都不可避免的；挫折是令人不快的，但不快程度及转化情况是由自己控制的；产生挫折的原因有内因和外因两个方面。这样，学生从小便能作好接受挫折的心理准备。

2. 正视挫折的非凡勇气教育

这里讲的勇气，既包括思想认识上的勇气，也包括行为实践上的勇气。"榜样的力量是无穷的。"教师首先要教育学生以从小就能立下远大志向的杰出人物为榜样，如"为中华之崛起而读书"的周恩来等等，从而教育学生从小树立崇高的理想和远大的目标，使"伟大的目的产生伟大的毅力"。其次，教师还要有意识地为学生提供勇于战胜挫折的榜样。可以是中外名人中战胜挫折的典型范例，可以是国内著名同龄人中的模范人物，也可以是学生身边的同学做榜样，用学校或班级里战胜挫折的同学做榜样对学生进行教育。当学生遇到困难和挫折时，就会从这些闪光的形象中获取勇气和力量。此外，教师应以自己良好的耐挫心理、坚强的意志行动为学生树立榜样。教师自己的人生经历就是一部很好的生活史，教师之路并不是那么平坦，往往充满坎坷，荆棘丛生。教师应该在日常的教学中，给学生讲讲自己的求学经历、生活经历等，自己在面对这些挫折的时候，是怎样临危不惧，坦然面对的。这样，学生在潜移默化中就会形成对挫折不卑不亢的勇气，战胜挫折的勇气。

3. 进行战胜挫折的信念、态度教育

人的行为，只有以坚定的信念作支撑，才能不屈不挠，持之以恒，对于青少年学生来说，面对各种考试或竞赛名落孙山这样的严重挫折，如果缺乏信念，失去信心，就会前功尽弃。如果信念坚定，坦然面对，吸取教训，重整旗鼓，就会条条大道通罗马。因此，要让学生树立坚定的信念。

树立坚定的信念之后，教师还要引导学生以积极的态度去面对挫折。态度是指一个人对某对象所持有的评价和行为倾向。要想对中小学生进行挫折教育，首先必须使他们形成对挫折积极的、正确的态度，主要是指面对困难的勇敢性和面对失败的不屈性。

对挫折的正确态度，首先表现在中小学生能勇敢地面对困难。有的中小学生在一般情况下，也是不怕困难的，但倘若遇到太多的困难，感到"对手"太强大时，往往不敢正视现实，不敢迎着困难上。如果你是一个害怕困难的人，如果你想拥有勇敢地面对困难的态度。就请记住歌德的名言："你若失去了财产——你只失去了一点儿；你若失去了荣誉——你就失掉了许多；你若失掉了勇敢——你就把一切都失掉了！"因此，对于困难我们既不必害怕，也不必回避，而应以积极的态度勇敢地迎难而上，在征服困难的过程中，增强我们对挫折的心理承受力。

对挫折的正确态度，还表现在中小学生不怕失败所造成的挫折上。俗话说："胜败乃兵家常事。"不仅是"兵家"，做什么事都会存在或胜或败的这两种可能性。在行动前只做成功的打算，不做失败的准备，这只会削弱对失败的耐挫能力，从而在失败后变得十分脆弱。例如，有的中小学生在考试前给自己定了过高的目标，结果考试成绩一旦不如愿，抱头痛哭者有之，离家出走者有之，服毒自尽者有之。

作为中小学生，面对失败应该成为一个强者，认识到"失败是成功之母"，认识到没有失败就没有成功，应该哪里跌倒就从哪里爬起。对失败要有足够的心理准备，失败时仍能表现得像一个胜利者，信心十足，充满干劲，继续干下去，直到成功。

4. 克服挫折的实际行动教育

克服挫折的实际行动，一般说有以下四种：一是升华，变挫折为向上的动力；二是加倍努力，在措施上加大力度；三是改变策略，降低行动目标或重新选择达到目标的方法；四是补偿，亦即人们常说的东方不亮西方亮、"不在一棵树上吊死"，以其他方面的成功弥补某一方面的缺陷。

著名教育家苏霍姆林斯基提出，生活本来就是一条不平之路，必须让孩子知道生活里有一个叫做"困难"的字眼，这个字眼是跟劳动、流汗、手上磨出老茧分不开的，这样，他们长大后就会大大缩短社会适应期，提高挫折耐力。为此，教师可通过开展各种主题活动，为学生创设受挫情境，例如远足、野营、登山、军训等，在"吃苦活动"中自讨苦吃。

挫折时学生在生活中、在学习中都必然会遇到的情况，只有帮助学生正确的、积极的应对挫折，化挫折为动力，才能让他们不断进步，最终走向成功！

第三节 磨练学生意志

一、意志简述

教育事例一：

某初中二年级的班主任邓老师是新参加工作的年轻教师，在刚开始的教学生涯中，有一件事令他一生都感觉到惭愧。他的班级中有个非常聪明、顽皮的男孩。这个男孩上课时总爱说话，想说话时就旁若无人地信口开河，直到所有人的目光都集中到他的身上，他才能闭起嘴巴。可想而知，他的学习成绩很差。有一次在课堂上，发测验试卷，当邓老师叫到他的名字时，他满不在乎地走上讲台领试卷，走到自己的座位后，看了一眼自己的得分，随手将试卷揉成一团，塞进书包里，然后伏在课桌上睡大觉。所有的试卷发完后，邓老师开始讲解试卷。但他似乎没有起来的意思，邓老师实在忍不住，走到他跟前，把他叫起来，问他："为什么不起来听课？"他还理直气壮地说："才得这么点分，不学了。"当时邓老师很生气，训斥了他，并且对他说，以后老师不再管他了，只要上课不打扰其他同学就行。后来这名学生转学了，他的成绩如何就不知道了。每当邓老师想起自己竟然不能够耐心地对待一名学习落后的学生就十分后悔。

教育事例二：

某初中一年级的班主任潘老师，经过新学期的一段时间观察，他发现班上最调皮的学生是男生刘平。这孩子是个小个子，胖胖的小圆脸上有着一对灵光四射，却又爱四处乱转的大眼睛，总是笑嘻嘻的，还真是个讨人喜欢的小机灵鬼。作为他的班主任，与他接触了一段时间后，就为他的调皮深感头疼了。他上课不专心，东搞西摸，特别爱说话，而且很伤人。经常不是把同学气哭，就是把管他但不与他计较的班干部也气哭，有时还在课堂上与副科教学的年轻女老师对峙，潘老师不得不随时为他解决问题。不仅这样，他的课堂作业也不好好完成，家庭作业呢，经常是时有时无，更急人的是他还三天打鱼，两天晒网的旷课。当问他时，他马上笑嘻嘻地认错，并保证再也不犯。可不出一天，他的毛病又来了。因此，他是学校中"大名鼎鼎"的让所有老师既"头疼"，又惋惜的一个孩子。

潘老师除了全面抓好班务工作以外，就把工作重点放在他的身上。在第一学期期末，潘老师在他的学生评语上这样写道：这个集体中，老师和你说的话最多，为你操的心也最多，只要你举手发言，老师就一定请你回答，希望你能在班级内有所发展。但是大多数时候，你却任凭思想在课堂内放飞，竟然在书本上胡乱涂鸦。听课的效果十分低下，成绩也一直上不去。一学期的住校生活没有能磨练你的意志，你的能力还远不及同学们。你可知道你一次又一次地闯祸，让老师的心里非常难过。老师希望你的个性能够沿着健康的轨道发展，凡事三思而后行。希望你在下学期能有所改进。

第二学期开学后，潘老师发现刘平渐渐地变了，不知道是因为潘老师对他的信心，还是潘老师的耐心打动了他，他逐渐对学习产生了兴趣，并能在课堂上老老实实地听课，潘老师发现他的学习意志力在逐渐提高。在第二学期期末，他的学习成绩上了一个很大的台阶。

从教育事例一可以看出，那名调皮的男生，遇到学习上的困难就心灰意冷，甚至放弃了努力，最终导致了学业不好而转学。事实上，学习落后的学生可能是智力因素造成的，也可能是采用的学习方法不当造成的，还有一部分是非智力因素造成的。像教育事例一中那名学生，正是由于学习缺乏意志力，才导致他放弃了努力学习的机会。教育事例二中学习意志力差的刘平，他的种种表现让班主任很是"头疼"，但由于这位教师对他耐心的教导，使他改变了原来的毛病，最终成为一名让教师高兴的学生。其实，这样的学生在教育实践中经常能遇见，在教学过程中，对待学习落后的学生要及时发现他的长处，加以适当的鼓励，使他看到希望，他会慢慢地努力学习的。和教育事例二中老师的耐心相比，教育事例一中的老师的确应该惭愧，作为一名教师，遇到学习不认真的学生，遇到调皮捣蛋的学生，是经常有的事，如果遇到一个，就放弃一个，那么怎样才算是培养好学生了呢？那么，那些所谓的差学生就真的与学习失之交臂了吗？那位老师在责备自己的同时，反倒给了作为教师的我们一个很好的警醒作用。教师应该平等地对待每一名学生，尽量挽救那些成绩相对较差的学生，尽到一名教师应尽的责任，做一名合格的人名教师，真正将每一位学生都培养成才。而做到这些，需要教师注重培养学生的学习意志力，让他们在学习中坚持到底，不轻易放弃。

　　所谓意志，是人在完成一种有目的活动时所进行的选择、决定和执行的心理过程。意志也是自觉确定目的，并根据目的来支配和调节自己的行为、克服各种困难，从而实现目的的心理活动。意志力是学生学习和将来事业成功的重要心理因素。学习意志是指学生根据学习的目标，在学习过程中自觉地实施、调节和控制自己的学习行为，不断排除干扰，克服困难，完成预定的学习任务的心理过程。无论对谁来说，学习都是一个艰苦、细致、耐心的耐力活动过程，要求有坚强的意志和顽强的毅力。在教学中我们发现有不少学生虽然满怀雄心壮志，但是落实到平日的学习中，他们却明显地表现出缺乏坚强的意志力，导致目标一直在那里，却总是遥不可及。

　　有调查表明，现在的孩子缺乏意志力，过多地求助、依赖于家长、教师。形成这种状况的原因：一是由于家庭教育的失误。对独生子女生活方面的溺爱和过度迁就，对孩子的要求不分好坏，有求必应，百依百顺，唯恐孩子吃一点苦，这样的做法势必会助长他们的任性和怕苦，从而滋长了孩子的依赖心理。二是由于教师教育方式的不当。对待意志力差的学生，教师一方面要爱护、关心、了解、体贴，知道他的困难在哪里；另一方面，又要对学生提出既合理又严格的要求。这个要求是合理的，能够做到的，但又是严格的，一定要按照最好的标准来完成任务，而且要求是要通过制度、纪律来体现的。

在制度、纪律上，教师要注意三点内容：首先，要引导学生练习遵守生活制度，因为只有经过不断练习，才能养成遵守生活制度的技能和习惯。其次，对学生要实行必要的监督，对其行为进行督促、鼓励、提醒与检查，这样可以增强学生对执行生活制度的自觉性和自信心，并形成自我督促、自我检查的习惯。最后，教师自己须以身作则，所谓"其身正，不令而行，其身不正，令而不行"，要求学生做到的教师自己首先要做到。如要求保证教室清洁，上课时偶尔断的粉笔头掉到地上，教师如果不厌其烦地弯腰拾起来，就会在潜移默化中影响学生。

总而言之，意志力是一种坚强持久的毅力，是一种良好的心理品质，是一个人成功的前提。一个意志坚强的人，对于来自社会、工作或学习的逆境和压力，都能勇敢地承担，不管遇到多少困难和挫折，总能坚持下去。辛苦的工作不会使其感到厌倦和疲惫，巨大的阻碍不能使其气馁，他总是能够坚持不懈地奋斗下去，永不言弃。对于学生来说，拥有学习的意志力是他们提高学习成绩，养成坚韧性格的重要方式。

二、磨炼学生意志的途径

有人说："人不是生来就有现成的意志的，意志在人的生活中不是突然出现的，它是在学前教育和学校教育的过程中比较缓慢地发展起来的。"因此，要培养、磨炼学生的意志必须在具体的学习、生活活动中进行。在学校教育中，应从以下几个途径培养和磨炼学生的意志：

1. 确定崇高的学习目标，树立远大的理想

崇高的目标与远大的理想是意志行动的力量源泉。古今中外，许多著名的思想家、科学家、成功人士就是在崇高的目标、远大理想的推动下，下定决心，克服一个又一个的困难而取得巨大成就的。让学生根据自己的实际情况制定一个奋斗目标，确立适当的抱负，是帮助学生培养和锻炼意志的有效途径。

坚强意志的前提是有志，学生只有树立远大的志向，才能激发火一般的热情，充分发挥自己的主观能动性，冲破层层阻力和障碍，为实现自己的志向而奋斗。比如很多班主任为了在班级教室里营造一个良好的学习氛围，他们会选择在教室里设置一块墙壁作为学生的梦想墙，上面贴满的大大小小、形状各异的小卡片，写满了学生期望的梦想，有的是生活方面的，有的是学习方面的。不管怎样，那都是学生心中一方小小的净土，学生都在为着自己的那个梦想而努力。俗话说："有梦想，才能有动力"，说的就是这个道理。

2. 进行知识教育

要想让学生具备良好的意志，首先应该让学生知道什么是意志力，所以在意志培养工作中给学生以相应的意志的知识是非常重要的。教师可以利用定期的班会课，找来有关心理学方面通俗易懂的读物，找出有关意志章节的内容以及生动的事例，带领学生学习并结合班级工作中这方面出现的问题，组织学生讨论。然后要求学生根据自己的情况，制定一个奋斗目标和一份自我意志锻炼的计划，

让学生在行动中加深理解。从而让学生们知道，一个人的行动和行为，仅仅依靠别人的监督和约束，是培养不出来坚强意志品质的。只有自觉地督促自己、约束自己，才能把自己培养成为一个意志坚强的人。

3. 注意因人而异

学生都是不同的个体，有着不同的特性，表现在意志方面，意志品质也会有所不同。意志品质是指意志在不同人身上的具体表现，具有个别差异，因此，对意志品质不同的学生采取不同的教育方式和方法。例如，对于行动中表现出盲目性和独立性的学生，应加强自觉性教育；对于行动中优柔寡断、草率决定的学生，要培养他们果断性的品质；对于见异思迁、虎头蛇尾、缺乏毅力的学生，要培养他们的坚韧品质；对于任性、怯懦的学生，要培养他们的自制力。通过因人而异的意志品质培养，让每一位学生都能坚强的迎接自己的未来。

4. 锻炼身体，增强体质

一般来说，身体健康、体魄强健的学生，容易养成坚强的意志品质。体育锻炼不仅为保持坚强的意志力提供了必要的体力和充沛的精力，它还是锻炼意志的极佳手段。例如，通过长跑训练培养学生吃苦耐劳的精神，通过登山锻炼培养学生锲而不舍的毅力，等等。通过各种体育锻炼培养起来的意志品质也可以迁移到学习过程中，推动学习的进行。

5. 持之以恒，百折不挠

学习意志的培养和锻炼不是一朝一夕的事，需要长期坚持不懈的努力，没有坚持到底的恒心，就难以到达成功的彼岸。恒心的坚持在于，一方面要善于抵制不符合行为目的的主观因素的干扰，做到面临重重诱惑而不为之所动；另一方面要善于长久的维持已开始的符合目的的行动，不畏困难，千方百计克服困难。做到无论是学习还是做什么事，都要有始有终，都不轻易放弃对目标的执著追求，不半途而废。有句话说的很好，"我们最大的失败不是做某件事情失败了，而是做某件事做到一半便弃之不顾了"。所以，教师在培养学生意志力的时候要持之以恒，给予学生坚强的信心，帮助其努力实现意志力的培养目标。当然，学生更要养成一种不到最后不罢休的勇气，从始至终，顽强拼搏，这样，才能做成一件事，才能成就大事业。

6. 进行自我教育

意志的培养非一时能造就，需要一颗"不到黄河不死心"的决心。因此，学生要不断地进行自我教育，这也是培养意志力的重要途径。学生自我教育有两种方式：一是自我激励。教师应该指导学生把格言箴语、著名诗句或自我誓约置于案旁，当生活、学习和工作中的困难来临时，这样的座右铭往往能给学生增添力量，让他们勇敢地面对困难。教室里也可以装饰些激励的话语，如"路漫漫其修远兮，吾将上下而求索"等类似的话就是很好的激励语。学习疲乏中的孩子，需要靠这些名言警句来提高自己坚持的恒心和毅力。除了座右铭和警句外，还有政治家榜样激励法、形象激励法等自励方法。很多学校的走廊里都贴有各个时期伟大名人的画像，有的是政治家，有的是伟大的思想家等等，这样激励学生的方法，肯定是百利而无一害的。二是自我批评。具有自我评价能力和习惯的学生，能够经常反省自己，认清自己意志行为的优缺点，从而肯定优点，克服缺点，使意志得到培养。学生应该时刻清醒地认识自己，在自己出错的时候，能够自我批评，这样也会给人一种谦虚的感觉，完善你在他人心目中的形象。

意志是每一个人走向成功的必备因素，对于每一位学生来说，良好的意志品质影响了你们的健康成长，同样，一定程度上也决定了你们人生的舞台。所以，家长、教师要努力培养和锻炼学生的意志，学生自己也要自我树立、自我锻炼良好的意志品质。

第六章　做学生自我意识调控的鼓励者

　　自我调控指的是学生在学习心理、学习方法和科学用脑等多方面，自己实行最优化调整和控制，以达到追求最佳学习效果的过程。影响学生学习效果的原因是多方面的，其中主要包括智力因素和非智力因素。学习活动是智力和非智力因素共同参与的活动，两者缺一不可。智力因素包括观察力、记忆力、思维力、想象力、注意力等；非智力因素包括动机、兴趣、意志、情感和性格等。智力因素是认识活动的操作系统，而非智力因素是认识活动的动力系统。没有操作系统，学习任务就不能贯彻完成；没有动力系统，学习活动就难以发生，难以持续。学习的成功是智力因素与非智力因素共同作用的结果，因此，对学生而言，除了了解和把握他们的智力水平，还必须重视对他们的非智力因素的培养。

　　我们在教学过程中常常注意到这样一个现象：所谓学习好的学生与学习差的学生之间，除了极少数学生在智力上存在着差异，更多学生间的差异则体现在非智力上的差异，也就是对"学习"认识上的差异。有些学生学习的主动性强些，而有些学生自觉性差些。学习不太好的学生，并不能说明他们在学习上不具有潜力。

第一节　自我意识的辅导

一、自我意识简述

教育事例一：

16 岁的李梅是某中学初二女学生。她的学习成绩较好，而且性格开朗、外向，有个性，思维活跃，敢说敢做。但是常常盛气凌人，自以为是，孤芳自赏，桀骜不驯，而且嫉妒心强，认为人与人之间根本没有信任和善良可言，所有人都是唯利是图，对他人缺乏真诚。虽然李梅的学习成绩好，但同学都不太喜欢她。她与家长、老师说话也是一种咄咄逼人的态度，因此与人沟通时总带着争吵的神态，难以心平气和地与人交流，且认为自己是不太受人欢迎的。她想交知心朋友，但同学敬而远之。而且其所担任的班干工作常因同学的不合作而不能顺利进行。她也因而情绪极受影响，气哭过几次，辞职几次，甚至想走绝路。

教育事例二：

王杰是某校高中一年级的一名男生，他是一个爱劳动、懂礼貌的孩子，只不过学习成绩一般，因此，他总是对自己缺乏信心，总觉得自己不是老师心目中的好学生、同学心目中的好伙伴。

教育事例三：

初中二年级的唐雨是一个胖女孩，一直在尝试着各种减肥的方式，可都不见效，她也十分苦恼。而且她对别人观察她的目光特别反感，总认为大家是因为她胖才有意注意她的。实际上她在很多方面都是很优秀的，是学校里的"知名人士"，但就因为胖，她对别人看她的目光极为敏感，在很大程度上忽视了别人以赞赏的目光来看她的情况。

教育事例四：

某班级的两个同学因为一件小事争吵了起来，事情已经过去很长时间了，可其中一个同学却一直记在心里，担心给别人留下坏印象。

教育事例五：

10岁的谭晶晶是小学三年级的女学生，性格外向、大胆、泼辣，长得浓眉大眼，剪一头男孩式的短发，从来没穿过裙子，当陌生人向其询问性别时，她总以"我是男孩"自居，曾多次在家长、同学、老师面前流露过"要是我是男孩就好了"的言行、态度。平时不爱与女同学玩，却特别喜欢男孩子的游戏和活动，如赛自行车、爬山、远足、做科技航模等竞技类或刺激性较强的活动。晶晶的父母均为个体户，做生意小有所成，平时经常早出晚归，对她的学习、生活无暇顾及，家中只有外婆照顾其生活起居，由于外婆文化水平低，没有办法管教她，因此造成了她野性十足的"假小子"的模样。

上述教育事例中的主人公们都在乎自己想的是什么，或者是喜欢保持着自己独有的性格等，这就是学生自我意识的体现，他们不像小时候那样生活在童话世界里，而是开始考虑自己或者周围环境或者自己在同伴心中的地位，他们希望关注自己的一切，成为自己命运的掌控者，而不是对于自己的一切茫然不知、任其自流。当然，自我意识也是需要辅导、需要引导的，上述教育事例中的一些主人公的自我意识已经出现了偏离，变得过度关注自己，从而十分敏感。说到这里，我们必须先了解一下有关自我意识的内容。

所谓自我意识，也称自我，乃是对自己存在的觉察，即自己认识自己的一切，是人对自己以及自己与环境关系的认识，包括对自己存在的认识，以及对个人身体、心理、社会特征等方面的认识。自我意识的发展过程包括生理的、社会的、心理的自我意识三个阶段。相对应的，自我意识包括生理状况、人际关系和心理特征三个内容。

自我意识是区别人与动物的重要标志，只有人才能在意识中明确地把"我"与"非我"区分开。它是个性形成和发展的重要条件，因为有了自我意识，学生才能自觉地调节自己的态度和行为，以形成良好的行为习惯，更好地促进自我教育和自我完善，最终使自己的人格得到健康发展。中学阶段，学生开始关心自己的体象（外貌特征）和内心世界，自我评价的独立性开始增强，自尊心得到高度发展。值得注意的是，自我意识具有一定的封闭性，因此，需要家长、教师适时加以引导。

二、中小学生自我意识现状

目前，我国中小学生"自我意识"发展的现状如何呢？

从生理方面讲，他们很注重仪表、风度，并为此而刻意打扮自己，他们很讲究穿着。女生买高级化妆品，男生讲究穿名牌服装，骑名牌车，他们常常在镜子面前评价自己。

从心理方面讲，他们已进入青春期，再不像儿童那样顺从听话了。在青春期阶段，他们很敏感，并逐渐发现，原本和谐的生活变得不协调了，往往把父母、师长的教诲与关心理解为难以忍受的压制，他们在思想上不愿与成年人交流，想从对父母的依赖关系中解脱出来，与同伴建立友谊。这一年龄段的孩子，自尊心与自信心增强，很注意自己在团体中的地位与威信。对他人的言行与态度极为敏感，同时开始考虑自己的名誉、地位、前途及男女社交方面的问题。

随着中学生自我意识的发展，自我体验日益丰富，认识到自己的能力、性格与道德品质的特点，产生成功以后的自豪感或失败后的自卑感，并将自我体验与自己的信念、理想、人格倾向联系起来。他们需要人们的尊重与理解，却又不愿把这种心情向他人表露而隐藏于内心，情绪出现闭锁性，使人难以了解。而且，由于受社会发展的影响，他们已经不满足于教师或教材中的现成知识和关于事物现象的一般性解释，他们要独立寻求和自由争论各种事物现象的真谛。

从行为方面讲，他们认为自己已经能够独立，很自信，而实际上他们应付生活、适应环境的能力很低，尤其是独生子女，在家父母包办一切，出去什么也干不了。

三、青春期学生自我意识的独特表现

由于青春期是学生生理发展和心理发展变化的关键时期，因此，也是学生自我意识发展最迅速、变化最明显的时期。其独特表现如下：

1. 青春期进入了自我分化阶段

从自我认识的角度来看，儿童在童年期还没有把自我作为主体意识和自己认识的对象，进入青春期后开始把探索的视线转向自己内部，开始了人生的自我分化，把自己分为主体的我和客体的我，理想的我和现实的我。而主体的我和客体的我，理想的我和现实的我毕竟不同，这就导致了自我意识的矛盾性，即主体的我与客体的

我，理想的我与现实的我的矛盾斗争，两个我不能统一，自我形象不能确立。正像王淑兰等人在青年学生中进行的"我是一个什么样的人"调查结果一样，尤其是青春期初期的学生，对自己的形象的认定有不同程度的矛盾心理。他们认为："我是一个自信的人，同时又是一个自轻自贱的人，我是一个热爱生活的人，但我也是一个对生活悲观的人，我是一个有理想的人，但又是一个没有抱负的人，我是一个性格开朗的人，但又是一个常常处于苦恼中的人，总之，我是一个内心矛盾的人。"

2. 青春期自尊心的发展尤为突出

从自我体验的角度来看，青春期的学生随着生理和心理的发展，随着成人感的产生，自尊心在这个阶段表现得非常明显，并且很有特点。例如：有调查中发现，72%的中学生有了错误不希望老师公开批评，而是希望个别指出，61%的学生受到老师严厉批评后，感到很痛苦或暗自流泪。这便证明，他们在这个时期非常需要别人的尊重。并且，中小学生的自尊心是随年级的增高而迅速地发展的，年级因素对自尊心的发展有明显影响，特别是初二、初三的学生差异显著。但他们又会表现出矛盾不稳定的一面，即想让别人尊重他，而他有时却不尊重别人，这一点在青春期表现得较突出。

3. 青春期的学生自我评价水平逐渐提高，处理问题的独立性不断增强

从自我评价的角度来看，学生进入青春期期对人的评价就明显有别于童年期，对人的评价往往开始指向人的内心世界和个性品质方面，开始把成年人和同龄人对自己的评价看得同等重要，对周围人、对自己的评价表现得非常敏感，重视周围人对自己的评价。而青年初期的学生，自我意识的发展已接近成熟的水平，他们能够独

立自主地按照一定的目标和准则来评价自己的品质和能力，能深入地了解和关心自己的发展，并对未来的生活进行考虑。

从自我控制的角度来看，少年期自我控制能力正处于发展中阶段，水平不高，进入青春期后自我控制能力逐渐提高。我国中学生自我控制能力在小学处于低谷状态，初中开始缓慢发展，学生进入高中后呈现显著发展趋势。

四、自我意识的辅导

学生的自我意识发展程度很大程度上取决于家长、教师对学生进入青春期后采取的教育方法和策略。如果家长、教师能够考虑学生自我意识发展的特点，采取有效的教育对策去进行教育，将有利于促进学生形成健康稳定的个性，抓住、抓好青春期这个人生发展关键阶段的教育对学生树立正确的世界观、人生观、价值观具有重要的意义。面对中学生"自我意识"发展中的这些特点，家长、教师应如何进行有效的教育呢？

1. 尊重每一名学生的人格，坚持以正面教育为主

中小学生面临很多现实的问题，他们处于童年期向成熟期过渡的阶段，处于半幼稚半成熟的矛盾状态。

随着中小学生视野的开阔，知识经验的积累，他们的内心世界日益丰富，自主、自尊大为强化，他们被尊重的需要大为增强。他们发现自己变了，不是个孩子了，俨然像个大人了，他们希望同成年人交往的欲望日渐强烈。他们希望自己能独立，他们变得不爱听成年人的管束，不爱听老师的批评，而自己又常常表现出很多缺点和错误。由于生理、心理的发展和成人感的产生，他们开始追求物质的需要，开始模仿成年人的服饰、发型，想打扮成成年人的样子。

同时，面临升学与就业的选择，他们又要承受学业成绩竞争的压力等等。他们就处于这样的一种矛盾的、压力的状态中。

针对这些实际情况，教师要能正确地认识每一名学生，认识到他们是发展中的人，是成长的人，具有很大的可塑性，教师要尊重他们，帮助、教育他们。中小学生希望教师、家长能平等地对待他们，他们讨厌那种居高临下的俯视的目光，他们喜欢朋友式的、无话不谈的、有广博知识的师长。当他们犯了错误，出现问题的时候，我们更要尊重他们的人格，要坚持正面教育为主，说服教育为主，并结合严格的纪律约束等教育措施进行教育，切忌讽刺、挖苦学生，体罚学生，侮辱学生的人格，甚至把学生赶出教室。那样，将会引起学生的逆反心理，引起学生的"反抗"，如有位老师把爱讲话的两名学生排在最后两个角落的座位，结果这两名学生每逢这位老师上课便"遥相呼应"，讲得更厉害了。对于中小学生之间的物质需要，家长应正确地对待并给予适当的满足，但不能无原则地迁就，应进行艰苦朴素的勤俭节约教育。对于中学生面临升学和就业的选择，学业成绩竞争上的压力，家长、教师应给予关心理解，给予实际的帮助和指导，让他们体会到温暖，体会到安全感。

2. 全面了解学生，引导学生正确交往

由于中学生独立意识增强，自治要求渐渐强烈，并重视同龄人的评价，他们须要摆脱成年人的束缚，扩大与同龄人的交往，而且希望在集体中有一定的地位，受到同龄人的尊重，同时又有得到集体中爱的需要，渴望友谊，尤其渴望同龄人的友谊和信任，渴望有一两个知心的朋友，有个别的中学生甚至产生了初恋的情感。这是因为他们在同龄伙伴中间可以分享共同的情感体验，分享共同的矛盾、忧虑和困难，他们可以处在平等的地位上，得到相互尊重和帮助，获得心理上的平衡。

面对这种情况，教师要全面地了解学生，了解他们的思想状况、生活环境，了解他们的兴趣、爱好、个性特征，了解他们的学业情况以及他们的交往和志向。在了解学生的基础上，要给予正确引导，而不是对学生间的交往强加干涉，尤其是对男女学生之间的交往，因为担心他们早恋，就惊慌失措，一味横加阻拦。对于中学生之间的正确交往，应当给予鼓励，对于确实存在早恋问题的个别学生，教师应采取个别教育的方式进行帮助，耐心细致的做好思想工作，讲清道理，从发展的角度摆正关系，切忌在大庭广众面前去揭短，让他们丢丑，打击他们的自尊心，自觉不自觉地把学生推到了我们对立的一面，甚至把学生推上了绝路。教师应结合学生青春期的特点教育引导学生正确地交往，引导他们把精力用在学习上。

3. 要做到自知

自知是能对自己作出恰当的评价，体验到自己存在的价值，即能了解自己，承认自己，接纳自己。具体地说，就是教师在帮助学生全面剖析自己，了解自己的优缺点的前提下，学生能严格要求自己，增强自律意识，结合自己的认识和他人客观的评价，并在实践中进行验证，这样才能对自己有一个清醒的认识。小学、初中阶段，学生宽己严他的表现比较突出，高中后，就能较全面、客观、辩证地看待自己和评价自己了。

教师在引导学生接受、发扬自己优点的同时，也要引导他们看到自己的缺点和不足，并在发挥自身优势的同时，不断克服缺点和不足，注重自我形象的塑造。中学阶段，一个很重要的问题就是学生的自我悦纳的问题，如体象、习惯、缺点等。进入青春期后，很多学生开始注重自己的外在形象，并因此引发了一系列的问题。教师要正确引导学生认识美、欣赏美、体验美，接受自我、正视自我、尊重自我、体验自身的价值，增强自豪感、愉快感、成功感，理智看待自己，面对现实不回避，充分发挥自身的优势，勇于挑战自我，用积极、乐观的心态面对现实，克服负面影响，从而走向成功。

教师要善于引导学生正确、客观地评价自己，发挥优势，树立发展自己的信心，承认劣势，扬长避短，既要从成功的成年人和同龄人身上学习他们的优点，又不可盲目崇拜别人，失去自信。特别要引导他们全面、客观地认识影视、歌"星"，热爱艺术应该提倡，但盲目"追星"走极端就不足取了。

4. 增强积极的自我体验

积极的自我体验是一个良性循环的过程，即在活动中获得了乐趣，又以更好的心态去参加活动。教师要培养学生如何在学习、生活、交往中去发现、创造能够使自己身心愉悦的积极体验，并使之成为习惯。成功、高尚、美好的积极体验越多，学生的心灵就会更美好、更高尚，这样就驱使他不断地去重复这种行为，负面因素对学生的影响也就逐渐减弱，也相应地促进其对其他不足方面的改进。

随着学生独立意识的增强，教师也要调整教育策略。一方面教师要适当放手，给他们创造"放单飞"、体验人生的时空环境的机会，让他们自我体验，让他们在解决困难、经受挫折的"摔打"中学会生存和奋斗。另一方面，教师要重新确立教育者与学生之间的角色位置，要善于以朋友的平等身份同学生相处，增强信任感和亲近感，以期达到更好的教育效果。

5. 增强自我调控能力

自我调控是对自己的思想、言语和行为的调节与控制，是为了帮助学生解决心理冲突，增强适应环境变化的能力。从小学生、初中生自我控制能力水平发展不高、处于低谷的现象可以看出，他们的情绪不稳定、易冲动，两极性明显，取得成绩时他们会非常高兴，甚至会表现得唯我独尊、洋洋自得，而一旦失败则会陷入极度苦恼、悲观的情绪状态中。这种自我控制能力差、缺乏意志力的表现容易使学生犯错误。

这就要求我们教师在进行教育的过程中，首先要帮助学生学会面对现实，确立合理的奋斗目标。中学生的理想往往与现实是有差距的，他们过多关心的是结果，而对达到目的最重要的方式、方法、手段等却很少考虑，从而引起理想与现实的冲突。因此，教师要帮助学生根据所面临的实际，结合自身的能力，确立通过一定的努力可以实现的目标。其次，树立信心，增强自我调控能力。自我调控的能力与信心是相辅相成的，都是通过自我调控的实践而形成的。自我调控能力的提高是需要一定的意志和努力的，勇敢、正确地面对挫折和失败，树立信心，不断努力，就会提高自我调控能力。第三，掌握自我调控的技能与策略。自我调控也是有一定的方法和技巧的，如目标转移、换位思考、自我防卫，以及有意识的自我提醒等等，都有助于自我调控能力的提高。引导学生善于从他人的角度去理解问题，避免一切从自身的利益出发片面地看问题而产生消极的情绪，培养学生学会全面地、辩证地分析问题，恰当地表现自己的情绪，达到心理的相对平衡状态，使学生能够保持一种乐观向上的情绪基调，并加强对学生意志的自觉性、果断性、自制性、坚持性等良好品质的培养，使学生能够自己教育自己，自己管理自己，提高他们的自我教育、自我完善的能力。

6. 不断调整自我实现的意向

心理成熟的重要标志之一，就是能对自我意向进行有意识的调控。认识自我、调控自我的目的是为了塑造自我和完善自我，使自我达到一个更高的水平。中学阶段是学生走向独立、自我完善、人格健全发展的关键期，教师要积极帮助学生塑造完美的自我。完善自我是一个不断提高自我的过程，不断实现理想的过程。新的水平上的自我统一主要是指中学生能够比较清晰、客观、全面、深刻地认识现实的我，确立符合社会要求的、符合个人实际的、积极向上的、经过努力可以达到的理想的我，还能够不断地进行调节，去掉理想中不切实际的或者是错误的成分，不断地改造现实的我，实现理想的我。

中学生处于自我分化期，自我意识处于矛盾状态，他们的头脑中有一个理想的自我，渴望寻找未来的自我形象，有美好的幻想，爱憧憬灿烂的未来，愿意成为理想的自我，实现人生的价值，但现实的自我与理想的自我存在很大的差距，他们的理想开始和现实生活相联系，但又容易好高骛远。例如：中学生的理想往往是当个科学家、作家、画家、演员等等，他们这些理想不完全定型，情境性很大。面对这种情况，我们教育工作者要通过种种教育活动、教育手段、教育措施去帮助中学生树立正确的世界观、人生观、价值观，帮助他们确立人生的远大目标，确立完善自我的内涵，让中学生逐步学会把远大的理想和日常的学习、现实的生活结合起来，使他们不仅憧憬未来，而且能够立足现实，逐渐学会结合国家的需要和个人的条件形成比较稳定的专一的理想，走向真正意义上的完善自我。

教师还要尽量避免不良的社会风气对中学生的不良影响，帮助中学生不断地用自己的行动去努力实现自己美好的人生理想，促进中学生不断实现新的水平上的自我统一。第一，及时调整理想自我的目标，中学生的理想是受时代需要、社会思潮、个人年龄特征及个人发展条件制约的，要善于根据主客观条件的变化及时调整理想与目标；第二，不断反思，要实现自我理想，就要经常进行自我监督、自我反省，及时发现自己的优缺点，发扬优点和长处，改进缺点与不足，才能不断完善自我，还可以通过日记、小组讨论等形式来增强体验和感悟，促进自我完善；第三，加强自我锻炼，学校中的任何活动都是学生锻炼的机会，通过实践活动学生可以增强理想与现实的联系，加强自我教育，使自己得到充实和完善。

以下是一项关于自我意识的调查，可以帮助学生更好地了解自我意识的发展，也可以帮助教师及时掌握学生自我意识的有关情况。

以下20道题，判断你的自我意识是否成熟，请用"是"或者"不是"作出回答。

（1）做事有自己的主见，有原则，不以别人的喜爱或者厌恶作为自己为人处世的标准。

（2）不以"哥儿们义气"去办事。

（3）具有相对摆脱父母、老师以及好朋友来思考问题的独立性。

（4）对自己宽厚仁慈，对他人也宽宏大量。

（5）能够看清自己的优点与缺点。

（6）能够明白"良好的动机并不一定会带来良好的效果"，能够正确地对待好心办坏事的现象。

（7）不仅能够正确地认识自己，也能够正确地看待别人与世界。

（8）能够忍受孤单寂寞，而且不感到痛苦，不感到伤心。

（9）从来不无端地敌视他人，对他人的优缺点能够保持一个明确的态度。

（10）思考问题时，不走极端，尽量全面而不偏激。

（11）不为一些琐碎的小事而劳神费力，能够明白地知道生活的重点。

(12) 学习已经成为自己生活中一个不可缺少的部分，没有了学习，自己感到总像缺了点什么。

(13) 做事有恒心，敢于拼搏。

(14) 有远大、高尚的理想，而且能够脚踏实地地面对生活。

(15) 能够辨别善恶，爱憎分明，心里十分清楚：无原则的爱比仇恨更可怕。

(16) 性格开朗活泼，情绪乐观而且稳定。高兴时，不冲上泰山之顶；不高兴时，不跌入太平洋之底。

(17) 热爱集体，尊老爱幼，讲文明，讲礼貌，讲正气。

(18) 看人不要看表面现象，要懂得日久见人心的真谛。

(19) 做事情从来不模棱两可，处理问题比较干练，不拖泥带水。

(20) 富有一定的创新精神。

评判规则：

有 17 个以上的条目选择了"是"，说明你已经是一个比较成熟的青年了；有 15 个以上 17 个以下的条目选择了"是"，说明了你一直在努力，决心很有成效；

有 13 个以上 15 个以下的条目选择了"是"，说明你的心理还是比较健康的；

有 11 个以上 13 个以下的条目选择了"是"，说明你的自我意识还不太健全；

有 11 个以下的条目选择了"不是"，建议你看一下心理医生。

如果在单数条目（比如 1、3、5、7 等）上你选择了 6 个以上的"不是"，你必须重新进行自我评价。

如果在偶数条O中，你选择了6个以下的"是"，你进一步要面临的是提高自我修养，否则，你的朋友会越来越少。

自我意识的发展是学生成长的标志，因此，家长、教师要做好学生自我意识的辅导工作。

第二节　自我管理的养成

一、自我管理简述

教育事例一：

戚老师在做初二某班的班主任时曾感慨地说："我们班是学校出名的乱班，自从接了这个班后，我的觉是越睡越少，挖空心思地想着如何能将班级纪律抓上去。"

开始他对学生特别严厉，让学生们几天也见不着自己的一个笑脸，他认为这样的方式会镇住学生。别说，这样的方式还是有一定效果的，孩子们见了戚老师，都像"老鼠"见了"猫"似的。他在班级的时候，教室里是安静了许多。可没过几天，来告状的专科老师接二连三，他们都说没法上课了，学生比以前更难管了。

这时，戚老师不得不静下心来思考问题出在哪。终于，戚老师明白了：在自己的课上，学生太压抑了，就只能在其他老师的课上发泄出来。看来，自己的这招不灵。接下来，戚老师把目光投向学生。他想，学生们在情感上和方法上都很难接受自己这个陌生的老师，他们不听自己的，会不会信服同学呢？经过一段时间的观察，他发现有个叫王磊的学生很特别，王磊是一个非常调皮的孩子，经常做恶作剧，逗得全班同学哄堂大笑。他的身边总有一帮"随从"。看来他是个很有号召力和影响力的学生。戚老师抓住机会，经常找王磊谈心，想取得他的信任。接触一段时间后，戚老师感觉他淘气的眼神中透着几分灵气，而且还十分讲义气，便决定对他委以重任。先找他谈话，告之自己的想法。当戚老师说要让他当纪律委员，管全班的纪律时，他却一改往常调皮的样子，低下了头，吞吞吐吐地说："老师，我管不了。平时，我最淘气，同学们不会听我的。"老师却拍了拍他的肩膀，微笑着对他说："我对你有信心，相信你一定能行！遇到困难我们共同解决。"当他抬起头来，老师从他的眼睛里看到了兴奋和自信。

自从当上了纪律委员后，王磊明显地变了。上课能认真听讲了，作业也能按时完成了，而且工作也很出色。他在同学中的威信更高了，戚老师自己却成了他的"幕后指挥"。放学后，他们师生总在探讨对班级一些问题的看法，如何处理一些事情，对王磊的困惑之处及时给予开导。后来，戚老师又将一些淘气的学生调动起来，针对学生们的不同特点派以不同的任务。后来，戚老师班的纪律有了惊人的改变，连校长都不敢相信。

一次学校颁发班级集体奖时，戚老师让王磊去领奖，从领奖台走下来，王磊又增添了几分决心和信心。老师悄悄地告诉他："班级取得的荣誉有你大半的功劳。"他的脸上露出了灿烂的笑容。

常听老师们这样夸奖学生："现在的孩子，个个都像小人精！"这句话说得太贴切了。现在已经进入了信息时代，学生知识的获得不仅仅依靠学校的教育。通过电视、网络及其他一些媒体，学生们所占有的信息往往要超过他的实际年龄。由于他们年龄小，接受新鲜事物比较快，对一些事情会有自己独到的见解，你可别小瞧了你的学生们。

所以，无论是在课堂教学中，还是在班级管理方面，都应该以学生为中心，突出他们的主体地位。他们的表现欲望非常强，这一点你不能忽视。很多淘气的学生因为学习成绩差或经常惹是生非受到老师和同学们的冷落，他们为了引起大家的注意，就会经常做一些"恶作剧"。甚至于学生的迟到也是为了吸引老师和同学们的目光。

事实上，孩子的自我评价是受他人的评价影响的，可以说，孩子成长的好坏很大程度上来自于成人对他的评价或者带有评价性的行为。如果老师在班级管理中能够做到"量体裁衣"，给每个学生都分配一个适合他的角色，这样不仅会减轻自己的工作负担，而且会让学生感到老师相信他，老师觉得他是优秀的，这样就能够促进学生向好的方面发展的，即使很缓慢，但也是一种改变。像上述教育事例中王磊这样的学生，几乎在每个班里都存在，就看老师怎样对待和处理这样的学生。如果教师要把他当成"典型人物"对待，非要治服他，经常在全班同学面前训斥他，给他安排在最前排或最后排，让他有离群的感觉，他肯定会跟教师对着干，而且年级越高，这样的学生越不听话，鬼主意也会越多，经常给老师制造麻烦，学习成绩也会越落越远。其实，这样的学生有他们特有的优点：他们有个性，有主见，有号召力，还非常讲义气……如果教师能充分挖掘他们的潜力，给他们创造展示自我的机会，他们将会成为不可多得的人才。

老师们，请相信自己的学生吧，每一位学生都有他自己的特点，有着别人不能替代的作用！

二、自我管理的养成

教育事例二：

一年前，王老师做了某小学四年级的实验班的班主任。这个班的学生年龄比同年级的学生小一岁，相当于三年级的学生。这个班级的各方面都十分优秀。但接班不久，就发现了一个问题：学生们都是个人自扫门前雪，不管他人瓦上霜。举个例子：值日时各干各的，如果有把笤帚扔在地上，是绝对不会有别人捡起的，班长除了下课喊"把桌椅摆放整齐，做好课前准备，起立、坐，起立，走"之外，从不管效果如何，至于其他工作更是不闻不问。

造成这种"事不关己高高挂起"和"事情关己也要挂起"的原因，归根结底，还在于教师的管理。教师为了便于低年级的管理而采取了管理好自己就行的方法，这种方法对于低年级学生来讲很有用。但是随着年级的升高，学生们不再是听话的羔羊，他们有了个性，有了思考，一些不好的习惯也已经养成，所以就出现了上述教育事例中的一幕。针对这种情况，老师更应该培养学生自主管理能力，不仅仅是管理自己，还要学会管理他人，让所有学生都积极地参与到班级管理中来，这对于班级的管理与建设是十分必要的。那么，该如何培养学生的自我管理能力呢？

1. 激发学生自主管理的兴趣和欲望

俗话说："兴趣是最好的老师。"人们常常会对自己感兴趣的东西尤为重视、尤肯钻研，也通常在这些方面最容易做出成就。例如，开学伊始，针对兴趣这个特点，教师就应郑重地开一个班会，告诉学生们："你们上四年级了，是中年级的学生了，这个班级不仅仅是老师的，也是你们的，你们是班级的主人，有着建设和管理它的权利。这学期，老师请你们来管理班级，咱们来比一比，看看是你们管理得好，还是我管理得好？"此时学生肯定会十分兴奋，都跃跃欲试。他们肯定不会服输，三个臭皮匠抵过一个诸葛亮呢，何况一个班的学生呢！学生之所以这样兴奋，是因为他们现在的位置发生了变化，他们在人格上受到了尊敬；他们在身份上发生了变化，由被管理者变成了管理者，所以对自主管理产生了兴趣，主动而积极地投入到管理队伍中来。

接下来就应该选举新一届班委会成员，因为他们的能力将决定班级的发展，决定着班级的命运，所以需要慎重选择。班委会成员的选举可以采取自己报名、演讲、匿名投票、公开唱票的原则产生。然后班委会成员再根据自己所管理的范围确定其他职位，教师把关"招聘"相关人员，而且要把为什么聘这个人，那个人为什么安排在这个职位上都讲清楚。一切准备就绪，就要把权利真的交给学生。自主管理的框架就这样搭成了。由于班委会成员是竞选产生的，大家都十分信服，他们的工作必然会受到学生们的支持；而下设职位的负责人又是班委会成员选出的，班委会成员要对这些学生负责。这些学生也会因为受到信任而努力工作。这时候，被动的管理变成主动的管理。将"他律"转化为"自律"，前进、向上的内驱力在此得到了激发。

2．给学生自由施展的空间

有自主管理意识的人，就一定会主动地、顽强地将困难克服。如果每一件事都交给他们或规定他们按固定的程序完成，就会妨碍他们主动参与、自主发现，束缚他们的手脚。对培养其主观意识绝对没有好处。为了避免教师束缚学生，聘任之后就应形成这样的管理体制：班干部聘任完之后，形成一个监督体制，即教师监督班长工作，班长监督各委员工作，各委员监督各位具体负责同学的工作。每个委员都根据自己的工作设计合适的评比细则，交给班长审查，审查合格后打印出来公示于同学。工作刚开始开展得不顺利，出现这样或那样的漏洞这是必然的，学生们需要一个适应和摸索的过程。

你不要心急，要对他们有信心，而且要做好"军师"，背地里给他们出谋划策。但你要始终坚持一个原则，就是谁的责任谁来承担，我辅助你工作但决不承担你的工作。如：值日完毕后，请卫生委员自己看哪的工作不合格，哪的工作有漏洞，如果看不出来，再告诉他，时间长了，他自己就会评价、管理了。班级课间操不好，可先问体委怎么办，方法好就用，方法不好就交他一招……在这样不断的帮、扶、放的过程中，学生就渐渐成熟起来了。

教育事例三：

"十一"刚过，学校团委组织成立了绿草地电视台，要从高一新生中选小记者，平均到每班也就是一个指标。当通知摆在王老师的面前时，他开始在脑海中物色合适人选。

吕涛是学生会副主席，又是国旗班的队长，人长得又高又帅，形象非常好，让他去绝对给班级露脸。可是他已经身兼数职，职务太多会不会影响学习？

任蕾，这个女孩真行！乖巧文静，不但工作认真负责，而且很有创意，让她做小记者、小主持人，一定会将栏目做的生动活泼。

王老师的眼前又浮现出一张酷似倪萍的脸庞的丁佳，这是一个很有语言天赋的女孩子，她的诗朗诵声情并茂，引人入胜。那次在国旗下的演讲是特意安排她去的。站在主席台上，面对全校师生，她行云流水般的演讲震动了每个人，颇有演讲家的风度。这样的孩子，当主持人错不了。

可是还有唐超、李佳、王小彭……班里有这么多学生都有独特的风格，哪一个出去都能表现出良好的素养。到底让谁去呢？

要不，利用班会时间开展才艺大赛，从口才、形象、技艺等方面进行综合才艺比拼，总分最高者胜出。

　　王老师在办公室左思右想还没有找出头绪，教务处又通知他第二天去外地开会。他想：这一去就是三天，等自己回来，名单也该报上去了。算了，叫班长来，把这个光荣而艰巨的任务交给他，他愿意推荐谁就推荐谁吧，别人要有意见，自己可以再做工作嘛！

　　做了我一个月"傀儡"的班长第一次有了自己做主的机会，美滋滋地走了。王老师在背后一声叹息：小子，别高兴得太早，你的麻烦在后边呢。

　　带着忐忑不安的心情，王老师从外地返回学校，包还没有放下先到班里瞧瞧，还好，一切正常。叫过班长询问这几天的情况，当然，人选的事情也包括其中。班长说："我们先进行了报名，然后报名的同学在比试，最后定的是丁佳。""怎么比试的？用了多长时间？"王老师外表装作平静，心里却充满疑惑、好奇和不安。

　　班长嘿嘿一笑："没用几分钟。我让他们划的拳，三局两胜才算赢。大家都没有意见，挺公平的。"

　　就这么简单？一时间王老师的大脑有些缺氧了。

　　晚上坐在电灯旁，他思考了很久——一个被自己想得十分复杂的事情，在学生那里却轻而易举地得到解决，是什么原因呢？

　　归根到底，是因为自己以一个成人的眼光来看待孩子们的世界，殊不知，在孩子的王国里，有他们自己的规则和标准，有着不同于成人的解决问题的方法。不管这个规则、方法是不是合理、有没有问题，只要得到他们的认可，我们完全可以放开手，让他们自己去解决。

　　其实，在每个人成长的历程中，总不免有各种各样的事情发生。"不经历风雨，怎么见彩虹"，只有在解决问题的过程中，我们才能自主独立，学会交流，增长才干，同时也从处理不当的事件中吸取教训。成长的过程允许有缺陷，不要因为刻意追求完美而忽略体验的过程。给学生们自主的空间，让他们自己管理自己，自己应对管理中的困难，让他们自己去体验成长中的烦恼与快乐吧，教师应该作为一个组织者、帮扶着！

3. 别忘了经常鼓励学生

教师应该教会学生及时做工作总结。工作总结可分阶段性总结和终结性总结。在每周五放学之前，都应该留出一点时间，让班长做一周的工作总结，如有特殊需要，也可请其他负责人进行补充。这样可以找出成功的地方，以后继续沿用；查出不足的地方，在下周工作中避免出现。老师还要抓住这个机会鼓励大家，让学生们有信心，有干劲，继续努力工作。在一个学期结束时，应该做详细的总结，把每位学生所做的事情都一一细说，并给予奖励。让他们有一种成就感，而且感受到自主管理班级的好处。

这样一来，教师就不用事必躬亲了，多用一些时间好好备课，给学生上好每节课，那才是学生最大的收获呢！试试看吧，全班学生的力量一定会大于你一个人。

教师要想培养学生的自我管理能力，就放开手，把权力教给学生，给予他们信任与帮助，让他们自己走吧！

第三节　理想目标的树立

一、理想目标简述

教育事例一：

李军是初中二年级的男生，整天和班上几个要好的小伙伴一起踢球、看电影、下棋、打牌，结果初二第一学期结束时，他在期末考试中成绩排名全班倒数第四。他原本是班里学习不错的学生，考了这样一个成绩，他自己也大吃了一惊。他在学校的操场上独自转了一圈又一圈，徘徊良久，最后在心里暗下决心：我一定要好好学习，将来考上大学，不辜负父母和老师的期望。他首先为自己确定了初中毕业要考上重点高中的目标。为此，他在假期里就开始有计划地复习落下的功课。特别是英语，期末考试时才得了二十多分，是补习的重点科目。他计划两天复习一篇英语课文，把没记住的生词全都背下来。整个假期，他把自己的时间和精力全都用在了学习上，每天上午补习旧课，下午做寒假作业，尽管学习很辛苦，他从未放弃自己的计划。新学期开始，他以更大的热情投入到学习中去，并制定了下一期的学习目标：期末考试要进入班级前十名。他如愿以偿了，二年级结束时，他考了全班第五名的好成绩。

生活中没有目标的人得过且过、浑浑噩噩，学习上没有目标的人难以做到出类拔萃、学业超群。学生的主要任务就是学习，学习是学生艰巨的使命。学生要想自己掌控自己的意识，做自己行为的主人，必须从学习抓起，明确自己的学习目标，成为自己学习的主导者。

学习目标可以激发学生的学习动机。学习动机多种多样，根据动机行为与目标的远近关系，可把动机区分为远景性动机与近景性动机。所谓远景性动机，是指动机行为与长远目标相联系的动机；所谓近景性动机是指动机行为与近期目标相联系的动机。上述教育事例中的李军在心里暗暗确立的考大学的目标，就是一个推动整个中学阶段学习的长远目标。长远目标往往比较大，实现的时间也比较长，如初中毕业时考上重点高中，高中毕业时考上名牌大学等都是长远目标。李军在初二下学期为自己确立的期末考试要进入全班前十名的目标，就是一个近期目标。近期目标通常比较小而具体，是能够在较短的时间内实现的目标，例如，某同学期中考试数学得了 70 分，他为自己定下了期末考试数学得 80 分的目标。近期目标可以小到一个学期、一个学习单元，乃至一节课达到的目标。例如，一节课背诵一段英语课文，一节课完成六道平面几何证明题等。无论是长期目标，还是近期目标，都能够激发学生的学习兴趣，并且不断提高学习成绩。许多学生在学习上都存在着与上述教育事例中主人公类似的经历：由于对学习漫不经心而使学习成绩一落千丈，由于确立了明确的学习目标而使学业有所进步。因此，可以说设定的学习目标、确定的人生理想就是学生学习的动力，有目标的学生会坚持不懈，有目标的学生不怕失败。

二、学生制定目标的准则

学生设立了目标或被赋予了目标，就可能作出实现目标的尝试，积极参加他们认为会实现目标的各种活动，经历实现目标的自我成就感。学生在制定目标时，要遵循以下几个原则：

1. 目标的明确性

学生对目标的意识越清晰、越具体，对其行动的引发越有力、越持久。学生必须朝着自己既定的方向努力，方能持之以恒，有所收获。

2. 目标的适宜性

目标过高会降低成功概率，从而不利于学习成就感的提高。一般来说，学习目标应以学生在其原有学习成就的基础上增加 20% 为最佳。

3. 目标的价值性

目标的实现对满足个体需要越有效，其价值越高，越有利于增进个体的行为动力，从而提高成功的概率，进而有利于提高学生学习成就感。

4. 目标的自觉性

在学习过程中逐步发展学生设立目标的自觉性和对目标达成程度的意识性，包括对活动结果的认知建构，运用目标调节行为以及在活动中不断调整目标。目标的自觉性越高，越有助于提高学生的学习成就感。

5. 目标的针对性

学习过程中所设定的学习目标，尤其是开始阶段，应不限于分数的进步指标，可以是上课的某一项行为，如做功课或不看电视等。

三、理想目标的树立

学习目标对于一名正在学知识的学生来说是十分重要的，那么，教师该如何引导他们为自己设立学习目标呢？

1. 从行为习惯入手，引导学生树立学习目标

有些学生学习目的不是很明确，要激发和培养其学习动机，主要靠外在手段引导，使其养成良好的行为习惯。播种一种行为，收获一种习惯；播种一种习惯，收获一种品质；播种一种品质，收获一种命运。因此，学习目标的树立可以从养成良好的学习习

惯开始。

通过设立目标、评价、奖励等外部手段激发学生的学习动机，此种方式主要是鼓励、奖励以激发学习的热情，让学生养成一种学习习惯。

如，可用填表形式使学生明了课堂上该做什么，怎么做，做到了会得到什么样的奖励，要求上课前学生填写以下内容。

我这节课要（   ），这样老师会表扬我是个（   ），并且会给我带（   ），我喜欢老师（   ），我喜欢带（   ）。

教师可以让学生根据不同情况制作这类表并按表执行，要求把表放在自己能看到的地方，如课桌一角。教师应切实对学生良好的表现给予其所期望得到的精神上和物质上的奖励，培养学生对学习的积极性。希望得到表扬、鼓励是人的天性，教育在任何时候都应遵循这种鼓励原则。

2. 在学习活动开始时，设立学习目标并自我检验

教师帮助学生设定一个可行的、可具体操作的目标，帮助学生树立实现目标的信心是十分重要的。以下问题可以作为教师评价学生学习目标与学习信心和学生自我激励、自我评估的依据。

计划：

（1）本周（本日）的特别学习目标是：

（2）我了解凭借什么来完成个人的目标：

（3）我将采用何种行为或步骤来完成目标：

（4）干扰我完成目标的个人或外在因素为：

（5）如果我需要帮助，我会怎么做：

（6）达成目标的信心为：

没有信心（0）　　有点信心（1）　　一般（2）　　有信心（3）
非常有信心（4）

评估：对个人计划达成的满意程度为：

非常不满意（0）　　不满意（1）　　一般（2）　　满意（3）　　非
常满意（4）

目标达成与否的理由是：

四、在设定学习目标时要注意的问题

1. 教师是帮助者

在学习上，一个重要的学习动机规律是：当目标是由个体自己
设定而非别人强加时，个体通常会付出更多的努力。所以，教师应
该是学生设定学习目标的帮助者而非学生学习目标的设定者。

例如，学生可能会对自己在家里读多少本书确立一个最低数目
的目标，或者预期在下次考试中起码要达到多少分。在设定下一个
目标时，教师可以与学生讨论过去所设定目标的达成情况（成功或
失败），然后为下周设定一个新的目标，但教师不能帮学生设定读多
少书、考多少分。

2. 设定具体目标及达到的方法

许多同学在学习中想把学习搞好，提高学习成绩，但学习目标
不明确，不具体，过于笼统。因此，教师不能只给学生如"努力学
习"等抽象的建议，而要给学生提供明确而具体的目标以及达到目
标的方法。要让学生知道学习对他们来说是有意义的，确保他们能
够知道自己能从学习中学到什么（具体目标），教学生学会如何达到
该目标，并针对学生的目标提出具体的建议。例如，在学生做作文

时，教师可教给他们一些景物描写、人物的心理描写、写作顺序的方法。

3. 目标高低要因人而异

无论长远目标还是近期目标，都有个高低的问题。例如，自己的长远目标是考大学本科还是专科？是考名牌大学，还是考一般院校？近期目标也一样。例如，自己这学期的数学成绩是要达到 90 分还是 80 分呢？期末考试是要进入前五名，还是前十名？有的同学可能想，当然是要考名牌大学了，每科的期末成绩都要考 90 分以上。这样设立目标行不行呢？不能一概而论，对于学习基础好，又有较强的学习能力，学习成绩比较稳定的同学，这样的目标是可以的，较高水准的学习目标对他们是合适的，能够激发他们进一步学习的动机。可是对于学习基础差，学习能力较低的同学，盲目地确立过高的学习目标，不但对学习没有帮助，反而会有害处。因为过高的目标对他们来讲，常常是难以实现的，可望而不可及的，一旦确立这样的高目标，结果往往是失败的打击，使他们心灰意冷，对学习成功不再抱有信心。因此，每名学生都应全面分析自己的学习基础和学习能力，为自己选择一个适当的学习目标。一般来说，所谓适当的目标就是要略高于自己原有的学习基础和水平。例如，上学期期末语文考了 65 分，这学期给自己定下语文考 75 分以上就比较适当。不要急于求成，每个学期能够提高 5 分，几个学年下来就相当可观了。另外，学习目标不能总停留在一个水平上，这样学习的动力就会不足了。

第四节　奋斗之路的鼓励

一、鼓励简述

教育事例一：

高二年级的语文老师郑老师，在一次作文讲评课上，郑老师在班上大力推荐一篇优秀作文。他刚读完，同学们就窃窃私语，说这是抄袭的，那名同学羞愧地低下了头。其实郑老师知道那名同学是抄袭的，但他还是热情洋溢地表扬了那位同学，说他阅读面广，审题能力强，反应快，有较强的鉴赏能力，能够在短时间内找到如此切题的文章，确实是不容易的。郑老师说："我们在感谢他为我们带来了这么美的文章的同时，完全有理由相信像他这么聪明的有心人一定能写出更优秀的作品！"并问大家："同学们，你们相信他能做到吗？"大家异口同声说道："相信！"第二天，那名同学就交了一篇他自己写的作文。那不仅是一篇语言优美，结构清晰，构思新颖的好文章，而且重要的是通过对自己感情的真实表达和流露，他渐渐爱上了写作文，体会到语言的魅力，渐渐对写作产生了浓厚的兴趣。

这个事例告诉我们兴趣能为活动提供动力。但一个人的兴趣并不完全是天生的，而常常来自别人的肯定、赞扬、鼓励等成功的体验。当活动的结果得到肯定时，人的兴趣会更浓，干劲会更足，从而越干越好，进入"干得好——得到肯定——干得更好"的良性循环轨道。相反，因为活动而受到责骂或贬低时，则会使人心情沮丧，兴趣索然，步入"越干越差，越干越不想干"的恶性循环。所以，如果说兴趣是最好的老师，那么鼓励和赞扬则当之无愧是"老师"的"老师"。正如上面的教育事例所揭示的，适当的鼓励会使学生更多的体会到成功感，以更积极、乐观的态度面对失败和挫折，增强自信心。每个孩子不管他有多少毛病缺点，哪怕是再调皮，学习成绩再差，他身上总会有闪光的东西，有积极的因素和自身的好处。真正的教育除了发扬孩子身上的优点，还应当学会"从骨头里挑鸡蛋"，善于慧眼识珠，从孩子的缺点中努力发现闪光点，不断加以鼓励、赞扬，这样才能极大地增强学习兴趣，从而最大限度地发挥学生的学习潜能。那么，大家对于鼓励了解多少呢？

在心理学上，我们日常所说的鼓励，其实质是心理学中的强化。所谓强化，即行为概率增加的过程。凡是能增强反应概率的刺激和事件都叫强化物，反之，导致反应概率下降则是惩罚。强化理论认为，若要增强个体的某种行为，或使其产生某种新行为，就应给予令其愉快的刺激或中止令其不愉快的刺激。具体到学习领域，就应积极的鼓励，赞扬学生的优点和取得的进步，而不要惩罚学生。

在教育法中，鼓励是一种启发式激励教育法，不仅是提高学生学习兴趣的催化剂，更是沟通师生感情，密切亲子关系的"连接点"与"生长点"。正确地运用鼓励手段，就要求我们关注学生的个性差异，从不同的角度寻找学生的闪光点，热情鼓励与真诚赞赏学生，引导学生始终处于积极的学习状态中。从激励与关怀的目的出发，及时指出学生学习中的错误与不足，这不是进行讽刺和挖苦，而是为学生创造更多成功的机会，是赋予批评以人文关怀，尊重学生的自尊心，让他们以积极乐观的态度对待挫折与困难。

二、鼓励策略

下面我们就结合心理学中的强化理论的主要原则和鼓励教育法谈谈如何对孩子进行鼓励，更大程度地激发他们的学习兴趣。

1. 经过强化的行为趋向于重复发生

所谓强化物就是会使某种行为在将来重复发生的可能性增加的任何一种"刺激"。例如，当某种行为的结果是受人鼓励和称赞时，就增加了这种行为重复发生的可能性。

所以，在教学中，教师应该结合不同的情况给予学生恰如其分的鼓励。该表扬时，就实事求是地给予表扬，并提出新的期望，鼓励其向更高的目标迈进；在某方面还有差距，也要发现他独特的"闪光点"，表扬他在其他方面的优点和长处，并鼓励他在自己不足的方面多努力，以勉励的口气提出建议，充分利用人的自尊心和荣誉感，增强自信，激发学习兴趣，使其潜在的能力得到最大限度的发挥。

同样，对于孩子的好表现和好成绩，父母也不要吝啬赞美之词。称赞对孩子会起很大的鼓励作用。对于孩子的错处，家长也不要一味地批评。事实证明，以表扬为主的教育方式，对提高孩子的学习兴趣有很大的促进作用。下面的例子或许会给家长们一些启示。

教育事例二：

以前在家里，王小芬的妈妈从没表扬过自己的女儿（王小芬），更谈不上赞美女儿。有时有客人来玩，看着一旁文文静静的王小芬，会情不自禁地赞美："这个小女孩真文静，真听话。"王小芬的妈妈却赶紧说："文静什么，可淘啦！""听话什么，有时可气人了！"每当王小芬听到她妈妈这样说，总表现出一副很不高兴的样子。时间久了，王小芬觉得自己并不是她妈妈心中的好孩子，因此，不爱学习，即便学习也只是应付检查，学习成绩下降得很快。王小芬上五年级的时候，有一天，她的妈妈问她："你为什么不喜欢学习，成绩为什么下降？"王小芬说："反正你们也不喜欢我，我也不是个好孩子。"这句话使王小芬的妈妈幡然醒悟，开始反省自己以前的行为，为什么这么吝啬对女儿的赞美呢？为什么不多给女儿点表扬呢？从那时起，无论是生活还是学习上，她开始学着赞美女儿，尤其是在女儿取得进步时，这对女儿的学习、生活等各方面都产生了很大的鼓励作用。从那以后，女儿比以前有了更大的学习兴趣，而且明显变的自信和开朗起来。

2. 要依照强化对象的不同采用不同的强化措施

在教学中，应根据学生年龄和需要的不同，有针对性地强化。例如，低年级的学生，我们可以奖励小红花等；初中生可以奖励他们比较喜欢的实物；高中生则更适合进行言语和精神层面的鼓励。同时，应注意到学生的个体差异。这就要求教师和家长平时要多和学生交流，了解他们最需要的东西和最爱好的活动。当他们在学习上有进步时，就可以用这些东西来奖励他们，肯定他们取得的成绩，及时强化他们的行为，从而激发他们更大的学习兴趣。

同时家长、教师应意识到，正如一棵树上没有两片完全相同的树叶一样，学生也存在个体差异，在知识的理解与表现等方面会有不同，要求学生在学习中达到完全一致的状态和水平是不合适，也是不现实的。所以，家长、教师要学会拿孩子的现在和以前比，而不要只和其他同学比。一味地与别人攀比，会使孩子产生自卑或反抗心理，总认为自已不如别人，不自觉地放弃进取，如果连进取心都没有了，哪里还谈得上有学习兴趣呢。况且，就不同的学习类型来说，学习者要经历不同的阶段，不应只将注意力集中在最终的结果上，而忽视学习过程中的进步和成绩。

3. 小步子前进，分阶段设立目标，并对目标予以明确规定和表述

对于人的激励，首先要设立一个明确的、鼓舞人心而又切实可行的目标。只有目标明确而具体，才能进行衡量和采取适当的强化措施。设定目标应因人而异，教师应结合学生个体在能力和原有基础上的差异，制定不同的目标，对程度高的学生设立较高的标准，而对程度低的学生，则降低标准要求。如果目标定得太高，与现有水平相差太大，就会使人觉得实现的可能性很小，自然很难充分调动人们为达到目标而作出努力的积极性。教师还应结合学习的具体类型，灵活强化，使每名学生都能感觉到自己的进步，体会到学习的乐趣，意识到努力的作用，变得更有信心，对学习产生更大的兴趣，投入更大的热情和努力。

例如，有一位家长，他看见自己的孩子学习成绩差，单元测验只有四、五十分，于是对孩子说："如果你考试能够拿到九十分以上，我就奖励一百元给你买玩具。"对于孩子来讲，这个奖赏当然很有吸引力，孩子也很想得到，但孩子觉得这个目标离自己特别远，实现的可能性很小，自然不会有很大的兴趣去争取。那么，这样的奖励就没有任何意义了。所以，家长定的目标要恰当，不能过高，这样才能够使孩子体验到克服困难获得成功的乐趣，引起孩子的学

习兴趣。

同时，教师要指导学生要将目标进行分解，分成许多小目标，在学生完成每个小目标时都及时给予强化。这样不仅有利于最终目标的实现，而且通过不断的激励可以增强信心。

考试经常不合格，经常缺交作业等，几乎每位教师都遇到过这样的学生。那么教师应该怎祥做呢？教师应从树立他们的自信心、自尊心入手，根据这些学生的实际情况，帮他们确定切实可行的小目标，为他们"创造"成功的机会，使他们体会到学习的快乐，提高他们的学习兴趣，进而达到更高层次的要求。例如，有名学生经常缺交作业，作业的书写也很差，教师根本看不清楚他写些什么。看到这种情况，教师并没有直接要求他像其他同学做的一样好，而是先提出了一些小的目标。教师和他约定好，只要他每天坚持交作业，教师就奖励他一朵红花；如果能坚持一个星期，除了奖励红花外，还会在班会上表扬他。就这样，这名学生很快就改掉了这个缺点，不仅按时交作业，字写得也比以前进步了很多，在学校的作业书写检查评比中，由原来的"差"提高到了"良"，而且其他学科的学习也有了明显的进步。这个例子说明，帮助孩子树立目标时，要循序渐进，不能操之过急。而且对于孩子取得的哪怕只是很小的进步，也要及时地给予肯定和赞扬。这样，才能帮助孩子弥补不足，一点点接近成功。

尺有所短，寸有所长，每个孩子的智力和接受能力都有所不同，教师和家长应尽量了解学生的不同特点，根据其具体情况而制定一些容易达到的小目标，这样可以使他们有更大的信心和动力去做，进而增加获得成功的可能，体会到"成功感"。而"成功感"是激发学生学习兴趣的催化剂,"成功感"的增强会对兴趣的产生和保持起到促进作用,当学生体验到成功的喜悦时,就会有更浓的兴趣和更大的信心去实现下一个目标。随着一个个小目标的实现,学生自然会不断取得进步。

4. 及时反馈

所谓及时反馈就是通过某种形式和途径,及时将学习结果告诉行动者。强化理论认为,要取得最好的鼓励效果,就应该在行为发生以后尽快采取适当的强化方法。如果延迟的时间过长或根本没有强化,则会使这种行为在日后发生的可能性降低甚至完全消失。

通过对学习成果的及时反馈,可以有效提高学生的学习自觉性、主动性和学习兴趣。要善于发现他们的点滴进步与成功,及时给予恰如其分的鼓励,当他们哪怕只有一点点的进步时,都应及时给予适当的鼓励和表扬,让学生意识到自己是在慢慢改变的,是完全可以变得更好的,可以像自己的榜样一样优秀的。这无疑会激发学生的进取心、积极性和创造性,对学习更感兴趣,投入更多的精力和时间。为此,家长和教师都应不失时机地运用这一行之有效的教育手段以促进学生的进步。

通过对孩子进行一些行为的强化,能改变学生的学习习惯,提高学生的学习兴趣。但是,在强化时,家长还应注意以下几点:

(1)强化标准要明确

有些家长在使用强化时,最容易犯的毛病就是随心所欲。由于与孩子间的密切关系以及权威意识,往往使有些家长感觉不到强化的重要性。有的家长批评或表扬孩子并不需要什么理由,而多是由着自己的情绪来。高兴了,就随口夸奖几句;不高兴了,就随便指责，这样会使孩子无所适从，没有明确的是非标准，更不会激发他们的学习兴趣了。

（2）使用强化不能简单化，要力求用到点子上

有的家长只奖惩分数，规定多少分得表扬，多少分挨批评。这样当然简便易行，但教育往往没有"简便"可言，如果只为简单，就会使强化失去本身的意义。分数只是一个现象，学习的兴趣、习惯、方法是隐藏在分数后面的，家长要看到这一点，使用强化就不同了。例如，孩子临场发挥写作文，即使分数不高；孩子独立钻研苦思冥想，即使没找到解决办法，家长都应大加赞赏，这样就强化了他独立解决问题的意识，增强了自信，体会到学习的快乐和意义并不仅仅在于最后的结果，而更多是解决问题过程中的收获，这有益于孩子体会到学习的真正意义，在一定程度上增强孩子的学习兴趣。

（3）慎用惩罚

有的家长认为惩罚能使孩子记住不再犯错误，这在某种程度上说是对的，有的惩罚也是必要的。例如，小孩子用手指去摸电源插座孔，喜欢站在高楼的窗台上，家长就必须用惩罚让孩子记住不能再犯。但是在学习或品德等这些需要孩子主观努力才能获得上进的范围，惩罚的作用则往往是消极的。家长已是成人，设想如果你工作单位的领导三天两头地批评你，否定你的工作，不断指出你的毛病，却对你的成绩避而不谈，你会作何感想？你会因此变得比以前更积极，对工作投入更大的热情吗？显然不会。成人尚且如此，何况孩子呢？孩子和成人相比，更不具备自我肯定的能力。惩罚不仅有碍于促进孩子的学习，容易使孩子形成消极的自我认识，把学习

和惩罚之间建立不当的联系，会使学生对学习产生回避心态和厌恶情绪，学习兴趣的培养就更无从谈起了。

如果确实有必要惩罚，也要注意适度。过分的惩罚会激起强烈的逆反，不要说提高成绩，培养兴趣了，反而容易把矛盾推向极端，甚至酿出恶果惨剧。现在不少学生离家出走，原因之一就在于家长惩戒过于严厉，使孩子产生恐惧心理，于是铤而走险。

现在许多人普遍主张的是"自然惩罚"。什么是自然惩罚呢？举个例子来说，孩子平日不爱惜东西，打坏了玻璃窗，家长不要立即去补上，而是让孩子尝尝没有玻璃，冷风呼呼的滋味，孩子就可能记住了这种自然惩罚（当然要注意适度，不要把孩子冻感冒）。又如，孩子不会整理自己的文具、书籍，总是丢三落四的，临上学了还找不齐文具。那么家长不要总是帮着找，而应让他经历一下上学没有文具的麻烦和不便，体会一下这种"自然惩罚"，日后，他们自然会改掉这些毛病。具体到学习领域，自然惩罚就意味着当孩子成绩不理想或不愿意学习时，家长应该让孩子通过参加夏令营、知识竞赛等活动，自己意识到知识欠缺的后果，体会到落后于其他同学的感受。这样，不再需要家长为孩子大讲学习的重要性，他们自己也会产生学习的渴望，希望像别的同学那样知识丰富，能力过硬，自然而然就提高了学习兴趣。

家长惩罚孩子还要注意保护孩子的自尊心。有的家长认为是老朋友、熟人、亲戚，没什么关系，甚至觉得越是在这样的场合，越会让孩子有"记性"。但实际上，这样除了让孩子觉得委屈、反感，损伤孩子的自尊和人格外是毫无益处的。

总之，作为老师和家长，要时刻学会鼓励孩子，因为只有这样，孩子才可以认识到自己的优点和长处，对自己有一个清醒的认识，那么学习起来既有动力，又会持之以恒下去，这不就是老师和家长的共同目标吗？所以说，鼓励孩子，是一种温和、高效，利于被孩子接受的方法！当孩子在学习方面掌握了自主权的时候，那么再做其他事的时候，也定能做自己行为的主人，做自己的小当家，而不是一味地依附于家长和老师的庇佑了。现在的学生离自主这个目标还很遥远，还有很长的路要走，这就要求老师和家长在孩子自己人生命运的路上，与他们风雨兼程，共创孩子蔚蓝的天空！